AF308531

Xiaowen Xu

Die Trägheit

Reale Physik

Eine physikalische Aufklärung

$$a = v^2 / r$$

Verlag & Druck: tredition GmbH, Halenreie 40-44, 22359 Hamburg
ISBN: 978-3-347-23299-0

Inhaltsverzeichnis

III. Teil

Reale Himmelsmechanik

Inhaltsverzeichnis

Einführung

Vor über 300 Jahren hatte uns ein gewisser Isaac Newton ein physikalisches Grundgesetz indoktriniert, das ungefähr Folgendes besagt: „Wenn ein in Geradlinie fahrender Wagen nicht abbiegt, fährt er geradlinig immer weiter. Und ein liegengebliebener Fels bleibt, wenn er nicht bewegt wird, ewig starr an Ort und Stelle." Das ist natürlich absolut richtig, weil es überhaupt nicht falsch sein kann. Aber zufriedenstellend ist es dennoch nicht so sehr. Insbesondere für eine Welt, in der alles kreist und sich dreht.

Eigentlich wissen wir, dass die Newtonschen Gesetze einen kleinen Mangel haben. Nämlich denjenigen, dass sie nur für eine geradlinige Bewegung gültig sind, die aber in Wirklichkeit kaum existiert. Es scheint aber niemanden zu stören und auch gar kein Problem zu sein, mit den geradlinigen Gesetzen eine kreisende Welt zu beschreiben.

Statt diesen Mangel zu beheben, um die Newtonschen Gesetze zu verbessern und weiterzuentwickeln, was eigentlich getan werden müsste, behaupten manche, dass Newtons Mechanik bereits vollkommen geklärt, die klassische Mechanik wiederum veraltet, unzureichend und uninteressant sei. Dabei wurde von der Essenz der Newtonschen Gesetze, dem Realen und dem Konkreten, immer weiter abgewichen. Jedoch sind diese die fundamentalen und prinzipiellen Gesetze aller Physik. Ist es nicht ein bisschen zu arrogant, so etwas zu behaupten, ohne diesen kleinen, aber sehr offensichtlichen Mangel zu beheben?

Um gegen diese Behauptung einen Einwand zu erheben, führen wir ein kleines Experiment oder – besser gesagt – ein kleines Spielchen für eine Kreisbewegung durch, das wie folgt abläuft:

Man hält das Ende eines Seiles, dessen anderes Ende mit einem kleinen Ball verbunden ist, und schleudert es so, dass das Seil waagrecht über dem Kopf kreist, wie in der Abbildung gezeigt.

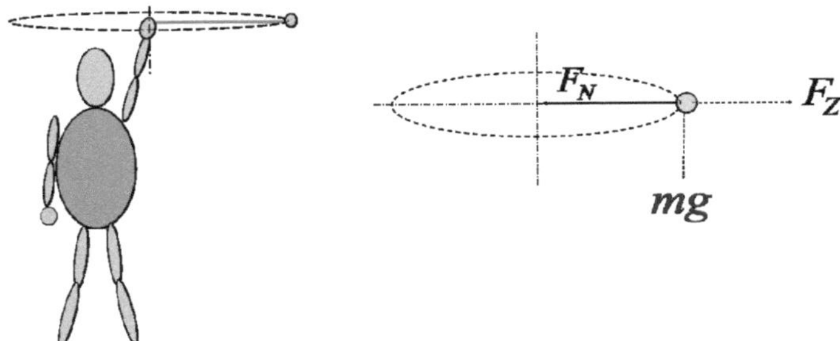

Nach den bisherigen physikalischen Erkenntnissen sind nur 3 Kräfte in dieser Kreisbewegung erkennbar:

- F_N : die Zentripetalkraft, die nach links zieht.
- F_Z : die Zentrifugalkraft, die nach rechts zieht.
- mg : die Erdgravitation, die nach unten zieht.

Die Frage ist nun, wie aus diesen 3 Kräften ein dynamisches Gleichgewicht hergestellt werden kann.

Ohne lange Überlegung können wir bereits feststellen, dass es nach den bisherigen physikalischen Erkenntnissen im 21. Jahrhundert nicht möglich ist, diese Bewegung zu erklären.

Das sind doch eine Blamage und eine Schande für unsere arroganten Wissenschaftler der Moderne. Dieses Beispiel zeigt uns aber, dass wir irgendeine physikalische Grundkenntnis nicht besitzen, die vielleicht klein, aber möglicherweise nicht unwichtig sein könnte.

Naturgeheimnisse sind manchmal wie Zauberei. Es gibt Zaubertricks, die so raffiniert sind, dass sie alle physikalischen Realitäten und alles logische Denken widerlegen. In Wirklichkeit sind sie oft nur ein nicht sehr schlaues Täuschungsmanöver. Es gibt in der Natur auch Erscheinungen, die sich mit vorhandenem Wissen nicht erklären lassen. Häufig verbirgt sich hinter den unerklärlichen Phänomenen auch nur ein nicht besonders raffinierter Trick der Natur, der eben noch nicht erkannt wurde oder um den wir uns zu wenig gekümmert haben.

In der skizzierten Abbildung sehen wir, dass es, um eine solche Position halten zu können, offenbar eine nach oben ziehende Kraft braucht, die exakt so groß wie die Erdgravitation sein muss. Aber woher kommt diese?

Wenn man ohne weitere Kenntnis dieses geschleuderte Bällchen aus Tatendrang zu erklären versucht, dann könnten möglicherweise solche gängigen Hypothesen entstehen wie zum Beispiel, dass eine „dunkle" Kraft sich darüber verbergen würde, was natürlich absurd wäre. Denn hier handelt es sich nur um einen denkbar kleinen Effekt, den man auf den ersten Blick nicht erkennt. Wenn man ein Rätsel durch kopfzerbrechende Überlegung nicht lösen kann, könnten in einer solch ausweglosen Situation aus Selbstzwang willkürliche Postulate entstehen, die man, wie der berühmte Physiker Max Planck es formulierte, eher als „einen Akt der Verzweiflung" bezeichnen sollte.

Ähnliche Phänomene, die nicht erklärbar sind, treten nicht selten auf. Sollten wir in einer solchen Situation eine Rückschau vornehmen, um darüber nachzudenken, ob in der Theorie der Physik doch etwa grundlegende Kenntnisse fehlen, die wir übersehen haben könnten? Stattdessen haben Wissenschaftler fortwährend solche Theorien und Hypothesen eingeführt, die sich immer weiter von der physikalischen Realität entfernen. Sie versuchen nicht nur, physikalische Probleme allein durch die Übermacht der Mathematik ohne physikalische Grundlage, ähnlich einem Akt der Gewalt, zu beheben. Sie sind zudem bestrebt, eine Welt, die physikalisch gar nicht existiert und auch nicht existieren kann, allein durch mathematische Gleichungen zu erschöpfen. Tatsächlich dominieren in der modernen Naturwissenschaft immer mehr solcher Theorien aus Verzweiflung und Willkür. Daher wird die Newtonsche Mechanik fast im stich gelassen und immer weiter vernachlässigt.

In dieser Lücke, die von hochbegabten Wissenschaftlern kaum beachtet wurde, haben wir zufällig ein kleines Geheimnis der realen Physik gefunden und enträtselt. Das ist das Hauptthema dieses Buchs, nämlich:

die Trägheit.

Wer kennt die Trägheit denn nicht und interessiert sich überhaupt für so ein langweiliges Thema?, könnte man einwenden. Was wir bisher über die Trägheit wissen ist aber sehr oberflächlich. Im Kern verbirgt sich ein kleiner und einfacher Naturtrick, dessen Wirkung und Funktion bei allen Bewegungen nicht fehlen darf und dessen Auftreten in der gesamten Physik eine signifikante Rolle spielt, dahinter.

Es gibt schon viele verschiedene Erklärungen und Definitionen darüber, was Trägheit sei. Aber leider hat keine davon das Wesentliche erfasst. Auch das Erste Newtonsche Gesetz, welches das Trägheitsgesetz genannt wird, ist wegen des erwähnten Mangels nicht vollständig. Wenn man aber daran denkt, dass die Newtonschen Gesetze, die das Fundament aller grundsätzlichen physikalischen Theorien bilden, mangelhaft sind, könnte dieses Thema, das genau dieses Defizit behandelt, doch nicht so langweilig sein, wie es klingt. In der modernen theoretischen Physik mangelt es nicht an der Komplexität, nicht an Science-Fiction-Ideen und auch nicht an ausschweifenden Hypothesen. Was fehlt, ist genau die Erkenntnis, dass der Grund, weshalb die Newtonschen Gesetze mangelhaft sind, so einfach und fundamental wie diese selbst ist.

Jenes einfache Schleuderspielchen zu lösen, kann sicherlich nicht astronomisch kompliziert sein, sondern stellt eher eine physikalische Aufgabe der Mittelschulklasse dar, weshalb, um dieses Buch zu lesen, nur Grundkenntnisse von Mathematik und Physik erforderlich sind (außer ein paar Integralrechnungen, die ignoriert werden können, wenn man die Ergebnisse daraus einfach akzeptiert). Dass Kompliziertheit nicht immer Richtigkeit bedeutet, sonder eher das Gegenteil öfters der Fall sein wird, wird sich auch in diesem Buch zeigen.

Im Grunde genommen ist das Prinzip des Schleuderspielchens fast exakt mit dem des um die Erde kreisenden Mondes identisch. Wenn wir diese einfachste Kreisbewegung nicht richtig zu erklären in der Lage sind, können wir nicht nur nie wirklich verstehen, warum der Mond auf diese Weise um die Erde läuft. Es stellt sogar die Richtigkeit aller bisherigen Theorien und Interpretationen über Bewegungen und Geschehnisse am Himmel unter Generalverdacht.

Nachdem diese Lücke in der klassischen Physik durch Trägheit geschlossen wird, wobei auch die Newtonschen Gesetze verallgemeinert werden, erfahren wir eine verblüffende Überraschung, als ob wir plötzlich aufgeklärt würden und endlich kapiert hätten, dass eine natürliche Natur gar nicht so unbegreiflich kompliziert sein dürfte, wie man bisher dachte. Und unter Verwendung der Trägheit schaut es manchmal sogar so aus, als ob wir einen geheimen Code der Natur in der Hand hielten, sodass viele unerklärliche Naturphänomene fast aus sich selbst heraus erklärt und viele unlösbare physikalische Probleme plötzlich leicht gelöst werden können.

Dieses Buch fordert uns und zwingt uns, auch manche fest verankerten Theorien und Interpretationen nochmal grundsätzlich zu überdenken und tiefgreifend zu überlegen, wie die Natur, eine natürliche Natur, wirklich sein kann. Auch solche Dinge, an deren Richtigkeit niemand gezweifelt hat, wie zum Beispiel:

Stammt die Wärmeenergie der Sonne, wie sie in diesem Buch berechnet wird, wirklich nicht aus der Kernfusion?

Ist es wirklich möglich, dass der Energieerhaltungssatz, ein wesentlichstes Fundament der Physik, in diesem Buch widerlegt wird, also falsch ist?

Könnte es tatsächlich sein, dass die Gravitation, wie es dieses Buch beweist, nicht die Eigenschaft der Masse ist?

Ist die Gravitationskonstante, wie nachfolgend erklärt wird, nicht universal gültig?

Ist die sogenannte „Weltformel", mit der sich alle Naturkräfte und sämtliche Naturereignisse vereinigen lassen, wie es in diesem Buch beschrieben wird, in Wirklichkeit nur eine ziemlich banale Gleichung?

Und all das sei lediglich auf ein harmloses Phänomen zurückzuführen,

die Trägheit?

...

Nun könnten wir hoffen, dass wir uns endlich auf den Weg begeben, der zu einer neuen physikalischen Ära führt, einer Ära der realen Physik, in der nur das zählt, was real und konkret ist.

I. Teil
Trägheit

I. 1

Trägheit

I. 1a
Erweiterung der Zentrifugalkraft

Die Zentrifugalkraft ist eine Kraft, die bei Kreisbewegungen auftritt und radial nach außen gerichtet ist. Wenn ein Körper mit der Geschwindigkeit v und dem Radius r um einen zentralen Punkt (?) kreist, entsteht eine zentrifugale Beschleunigung a, die mit einer einfachen Formel ermittelt werden kann:

$$a = v^2 / r \, . \qquad\qquad (\,\text{Satz } 0\,)$$

Zentrifugale Kraft wird durch die Bewegung eines Körpers erzeugt und bildet eine Widerstandskraft gegen die einwirkende Außenkraft, die den Körper in eine Kurve zwingt. Ohne eine solche Außenkraft gibt es auch keine zentrifugale Kraft und der Körper bleibt in seiner geradlinigen Bewegung unverändert.

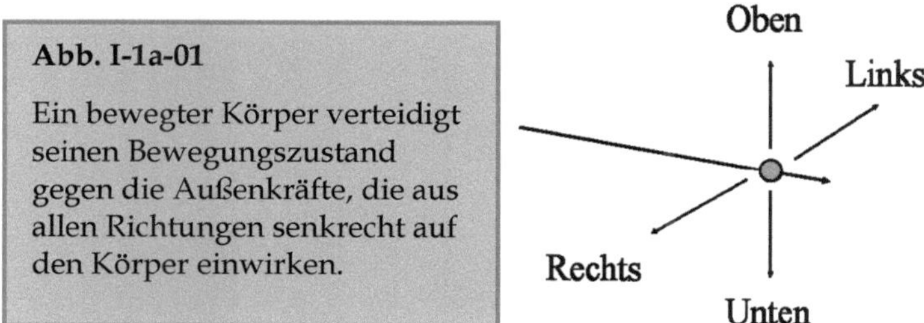

Abb. I-1a-01

Ein bewegter Körper verteidigt seinen Bewegungszustand gegen die Außenkräfte, die aus allen Richtungen senkrecht auf den Körper einwirken.

Wenn zum Beispiel ein in gerader Linie bewegter Körper von einer von rechts kommenden Außenkraft in Bewegungsrichtung angezogen wird, wird er nach rechts abbiegen und setzt diesem eine zentrifugale Kraft entgegen. Und wenn eine andere Außenkraft ihn von unten anzieht, wird er nach unten abbiegen; auch darauf reagiert der Körper, indem er eine zentrifugale Kraft aufbringt (s. Abb. I-1a-01).

Wenn die zwei Außenkräfte gleichzeitig nach rechts und unten ziehen, werden auch zwei entsprechende zentrifugale Kräfte dagegen entstehen. Dieses Phänomen zeigt, dass ein bewegter Körper in seiner Bewegungsrichtung einfach nicht geändert werden will und dass er eine derartige Fähigkeit besitzt, Zentrifugalkräfte zu erzeugen, die sich allen senkrecht zu seiner Bewegungsrichtung einwirkenden Außenkräften entgegenstellen. Damit verharrt der Körper in seinem Bewegungszustand.

Jetzt nehmen wir ein konkretes Beispiel: Wenn ein in Richtung Y-Achse geradlinig mit der Geschwindigkeit v bewegter Körper von einer Kraft F_A aus Punkt A angezogen wird, unter der Annahme, dass diese Kraft der Gleichung $F_A = mg_A = mv^2/l_A$ entspricht, wird er in der A-Ebene (O-YZ Ebene) um den Punkt A kreisen, und dabei entsteht eine zentrifugale Beschleunigung (s. Abb. I-1a-02):

$$a_A = v^2 / l_A.$$

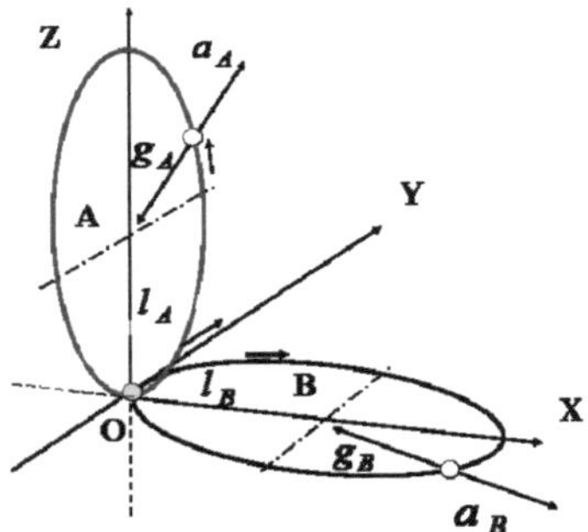

Abb. I-1a-02

Jede Außenkraft zwingt den bewegten Körper, um sich zu kreisen.

Entsprechendes gilt, wenn er von einer Außenkraft F_B aus Punkt B in der B-Ebene (O-XY Ebene) angezogen wird. Angenommen, diese sei gleich $F_B = mg_B = mv^2/l_B$, wird er auch in der B-Ebene um den Punkt B kreisen, woraus eine zentrifugale Beschleunigung entsteht:

$$a_B = v^2 / l_B.$$

(g_A, g_B: Beschleunigungen von F_A , F_B,
a_A, a_B: zentrifugale Beschleunigungen,
m: Masse des Körpers)

Wenn diese zwei Außenkräfte zusammen den Körper anziehen, widersetzt sich dieser beiden und wird auf einer C-Ebene etwa kreisen (s. Abb. I-1a-03L).

Um einen besseren Überblick zu bekommen, richten wir die Linie AB senkrecht auf. Dadurch liegt die C-Ebene auf einer waagrechten Ebene (s. Abb. I-1a-03R).

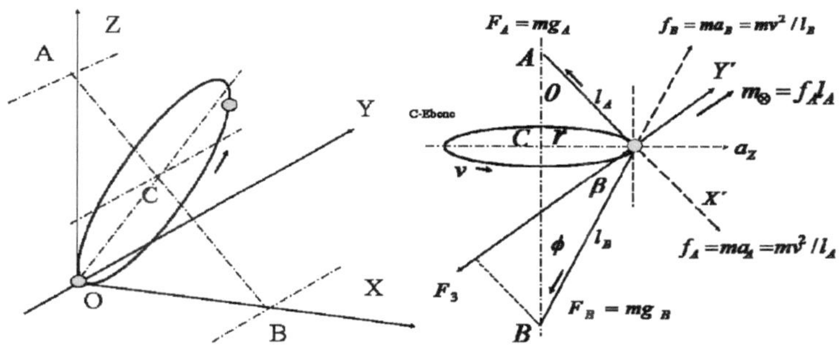

Abb. I-1a-03L   **Abb. I-1a-03R**

Zwei Außenkräfte zusammen verursachen eine resultierte Kreisbewegung auf einer C-Ebene.

Nun stellen wir eine Frage: Wie groß ist die waagrechte zentrifugale Beschleunigung a_Z? Die Antwort aus unserer bisherigen physikalischen Kenntnis, wie wir sie in der Schule gelernt haben, steht ohne Zweifel fest:

$$a_Z = v^2 / r .$$

Das ist aber leider falsch!

Moment mal bitte! Wie kann diese Gleichung überhaupt falsch sein?, könnte man fragen. Sie wird doch seit mehreren Hundert Jahren praktiziert und wurde „immer durch

Experimente bewiesen und nie widerlegt". Ist es überhaupt möglich, dass so etwas falsch sein kann?

Ja leider, es gibt so etwas tatsächlich in der Physik, und zwar, wie wir erfahren werden, nicht selten!

Wir haben gesehen: Wenn der Körper von F_A oder F_B angezogen wird, wird er um A bzw. B kreisen. Dabei sind die anziehenden Kräfte F_A und F_B im Gleichgewichtszustand immer gleich den jeweiligen zentrifugalen Kräften f_A und f_B:

$$F_A = mg_A = f_A = ma_A,$$
$$F_B = mg_B = f_B = ma_B.$$

Wenn die zwei Außenkräfte gemeinsam einwirken, werden Kreis A und Kreis B zu einem Kreis C zusammengeschmolzen, womit sich auch die Form des Kreises ändert. Die Abstände l_A und l_B bleiben jedoch identisch. Und weil die zwei Außenkräfte senkrecht zur Laufrichtung des Körpers einwirken, ändert sich auch die Geschwindigkeit nicht. Daher ist die Stärke der Außenkräfte zum Körper ebenfalls unverändert. Und der Körper hat jetzt zwei zentrifugale Beschleunigungen a_A und a_B, die den zwei Außenkräften gegenüberstehen und sich ebenfalls nicht gewandelt haben.

Man könnte sagen, dass a_A und a_B doch die zwei Komponenten von a_Z sind. Das stimmt jedoch wieder nicht. Richtig ist es umgekehrt, dass nämlich a_Z eine Überlagerung aus zwei Komponenten von a_A und a_B darstellt.

Wir betrachten F_A als Hauptaußenkraft und f_A als Hauptzentrifugale (s. Abb. I-1a-03R). Durch die Hauptzentrifugale verharrt der Körper in seinem Abstand zum Kraftzentrum A, damit er nicht zu diesem hingezogen wird. Aber warum der Körper auf dieser Position stabilisiert ist, d. h., weshalb der Winkel zur Vertikale θ beträgt, hängt offensichtlich von Kraft F_B ab.

Aus der Abbildung ist ersichtlich, dass F_B einen nach unten ziehenden Effekt auf den Körper hat. Dieser Effekt entspricht einem Drehmoment um den Punkt A.

Aus den zentrifugalen Gleichungen $g_A = a_A = v^2/l_A$ und $g_B = a_B = v^2/l_B$ erhalten wir eine interessante Gleichung:

$$v^2 = g_A l_A = g_B l_B = a_A l_A = a_B l_B. \qquad (*)$$

Diese Beziehung bedeutet, dass im einen Gleichgewichtzustand zum Beispiel die Terme $a_A l_A$ und $a_B l_B$ gegeneinander getauscht werden können. Dabei wird das Gleichgewicht nicht gestört.

Zerlegen wir die F_B auf zwei Komponenten in X' und Y'-Richtungen (weil die zwei Komponenten in X'-Richtung $F_B sin\beta$ und $f_B sin\beta$ sich ausglichen, hat F_B auf X'-Richtung keinen Einfluss), entstehen in Y'-Richtung eine F_3 und dieser entgegen eine f_3:

$$F_3 = F_B \, cos\beta = f_3 = f_B \, cos\beta.$$

Es kann auch so betrachtet werden, dass es einen imaginären Abstand l_3 für F_3 gäbe. Wir müssen nicht wissen, wie groß die l_3 ist. Wir wissen aber, dass Produkt aus g_3 und l_3 sowie aus a_3 und l_3 gleich dem Quadrat der Geschwindigkeit sein muss.

$$g_3 \, l_3 = v^2 = a_3 \, l_3.$$

Dann können wir den Term $a_A l_A$ aus Gleichung $(*)$ nehmen, und dieser dem $a_3 \, l_3$ ersetzen. Dann ist das Gleichgewicht in Y'-Richtung durch $a_A l_A$ hergestellt worden. Dieser ist ein nach oben antreibende Drehmoment, das wir mit $m_\otimes$ zeichnen:

$$m_\otimes = m a_A l_A = f_A l_A = F_3 l_3. \qquad (**)$$

Dann ist das Gleichgewicht dieses Systems durch folgende zwei Kräfte in zwei orthogonalen Richtungen entstanden:

In X'-Richtung: $mv^2 = f_A l_A.$

In Y'-Richtung: $m_\otimes = f_A l_A.$

Das Gleichgewicht kann in zwei orthogonalen Richtungen (X'- und Y'-Richtung) durch zwei zentrifugale Kräfte hergestellt werden, die gleich groß sind:

1. Eine Hauptzentrifugalkraft, die der Hauptaußenkraft entgegengesetzt ist. Dadurch verharrt der Körper in seinem Abstand zu dieser Kraft.

2. Eine zweite Kraft, die gleich stark wie die erste ist und orthogonal zur Bewegungsrichtung einwirkt. Dadurch verharrt der Körper in seiner Position in einer senkrechten Ebene.

Mit diesen zwei Kräften verharrt der Körper in seinen Positionen gegen alle Außenkräfte, die senkrecht zu seiner Bewegungsrichtung einwirken. Die erwähnte Kraft F_3 muss nicht nur die Komponente der Außenkraft F_B bilden, sondern kann die Überlagerung der Komponenten in Y'-Richtung aller Außenkräfte sein.

Zu beachten ist hierbei: Der Abstand l_A liegt zwischen dem Körper und der Haupt-Außenkraft, nicht aber zwischen dem Körper und der Mitte des Kreises, um die der Körper kreist. Die Stärke der zentrifugalen Kraft ist unabhängig von der Form des Kreises, sie hängt nur von der Geschwindigkeit ab. Die (echte) Zentrifugale richtet sich immer der entsprechenden Außenkraft entgegen.

Jetzt können wir berechnen, wie groß die waagrechte zentrifugale Beschleunigung a_Z sein soll. Sie bildet klar die Überlagerung zweier Komponenten aus zwei zentrifugalen Beschleunigungen, die gleich stärk sind:

$$a_Z = (\sin\theta + \cos\theta)a_A = (\sin\theta + \cos\theta)v^2 / l_A = (\sin^2\theta + \cos\theta\sin\theta)v^2 / r \, .$$

$$(r = l_A \sin\theta)$$

Zum Vergleich nun die bisherige, die falsch ist:

$$a_Z = v^2 / r = (\sin^2\theta + \cos^2\theta)v^2 / r \, .$$

Im Prinzip ist diese Formel nur beim spezialen Fall gültig, wenn der Winkel θ 90° beträgt, d. h., wenn der Kreismit-

telpunkt und das Kraftzentrum ein und dasselbe sind oder
wenn es nur eine einzige Außenkraft gibt.

*　　*　　*

Um dies noch näher zu erklären, nehmen wir noch eine
Schulphysikaufgabe für ein Kegelpendel als Beispiel, bei der
man ausrechnen soll, wie viel die Spannkraft F_l des Seils
beträgt (s. Abb. I-1a-04).

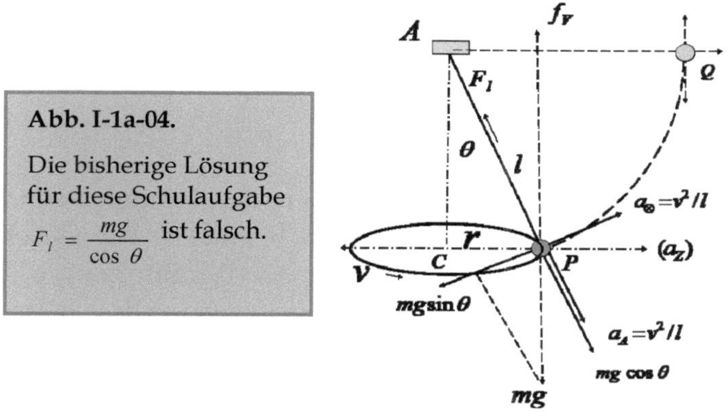

Abb. I-1a-04.

Die bisherige Lösung für diese Schulaufgabe $F_l = \dfrac{mg}{\cos\theta}$ ist falsch.

Bisher wurde diese wie folgt gelöst:

Weil $mg - F_l\cos\theta = 0$ sei, ergebe sich

$$F_1 = \frac{mg}{\cos\theta}.$$

Diese Lösung stimmt offenbar nicht, denn wenn die Geschwindigkeit v weiter steigt und sich damit der Winkel θ
auf 90° vergrößert, würde die Seilspannung unendlich groß
sein, was mit der Realität nicht übereinstimmt. Der Fehler
liegt offenbar darin, dass die bisher unerkannte Trägheitsbeschleunigung $a_\otimes$ fehlt. Ohne diese kann das vorliegende
Problem nicht richtig gelöst werden.

Wie gesagt, sind a_A und $a_\otimes$ die zwei Zentrifugalen, mit
denen das Gleichgewicht hergestellt wird, und a_Z bildet die
Überlagerung ihrer Komponenten, nicht umgekehrt. Der
Unterschied liegt darin, dass, wenn $a_\otimes$ die Komponente von
a_Z wäre, $a_\otimes$ bei einem Winkel θ von 90° gleich null sein

23

muss. Dann verschwindet die Kraft, mit der das Pendel nach oben gezogen werden kann.

Zerlegen wir die Gravitation mg in zwei Teile ($mg\sin\theta$ und $mg\cos\theta$), so wird das dynamische Gleichgewicht des Pendels aus 5 Kräften (F_1, $mg\sin\theta$, $mg\cos\theta$, f_A, $f_\otimes$) hergestellt. Daher haben wir die folgenden Gleichungen:

$$F_1 = ma_A + mg\cos\theta = mv^2/l + mg\cos\theta,$$

$$mg\sin\theta = f_\otimes = mv^2/l.$$

Daraus ergibt sich die Seilspannung

$$F_1 = mg(\cos\theta + \sin\theta).$$

Wenn sich die Geschwindigkeit des Pendels allmählich steigert, vergrößert sich auch der Winkel θ. Die Geschwindigkeit in jenem Moment, wenn der Winkel gerade genau 90° erreicht hat, wird als v_{90} angenommen. Misst man diese Geschwindigkeit genau, erhält man ein überraschendes Ergebnis: Die waagrechte zentrifugale Beschleunigung a_Z, die aus dieser Geschwindigkeit v_{90} entstanden ist, ist identisch mit der Erdgravitation von

$$a_Z = a_A = v_{90}^2/l = 9{,}81\,m/s^2.$$

(jetzt ist $l = r$)

Bei dieser Position hat die nach oben ziehende Zentrifugale $a_\otimes$ auch die Erdgravitation genau kompensiert. Wenn die Geschwindigkeit weiter steigt, vergrößert sich auch die a_Z immer weiter, bis das Seil zerreißt, bevor die Spannungskraft unendlich wird. Aber der Winkel θ bleibt unverändert und wird nie größer als 90° sein. Das heißt, auch $a_\otimes$ bleibt unverändert so groß wie die Erdgravitation. Das ist die Eigenschaft der zentrifugalen Beschleunigung. Sie entspricht immer der einwirkenden Außenkraft, beträgt aber maximal

$$a = v^2/r.$$

Angenommen, die Seillänge umfasst 0,5 Meter, so ist diese kritische Geschwindigkeit v_{90} gleich

$$v_{90} = \sqrt{ar} = \sqrt{9,81 \times 0,5} = 2,2147 m/s .$$

Das entspricht einem Kreislauf von

$$v_{90} / 2\pi r = 0,71 \text{ Runden pro Sekunde.}$$

*　*　*

Nun möchten wir noch wissen, wie groß die nach oben ziehende Kraft ($f_V = ma_V$) ist (s. Abb. I-1a-04).

Wir haben soeben die Spannkraft des Seiles berechnet:

$$F_l = mg(\cos\theta + \sin\theta) .$$

Sie besteht aus zwei Kräften:

1. Der Komponenten der Anziehungskraft der Erde:

$$F_\theta = mg\cos\theta .$$

2. Der hauptzentrifugalen Kraft des Pendels:

$$f_A = mg\sin\theta = mv^2/l .$$

Wie erklärt, haben sich diese zweite Kraft f_A und die Hauptaußenkraft F_A ausgeglichen. Daher haben sie auf die vertikale Kraft f_V keinen Einfluss. Dann ist f_V nur aus F_θ und $f_\otimes$ entstanden:

$$f_V = F_\theta \cos\theta + f_\otimes \sin\theta = mg(\cos^2\theta + \sin^2\theta) = mg . \quad (\text{***})$$

Also ist die nach oben ziehende Kraft f_V immer gleich der Anziehungskraft der Erde. Eigentlich ist sie die Kraft, die der echten Außenkraft, der Erdgravitation, entgegenwirkt.

Jedoch ist f_V nicht die Zentrifugale, welche durch die Geschwindigkeit v entstanden ist. Für die durch v entstandene Zentrifugale gegen die Erdgravitation muss ihr Radius nach der Zentrifugalregel gleich dem Radius der Erde sein. Dann

25

ist diese echte zentrifugale Beschleunigung gleich der folgenden:

$$a_V = v^2 / R = v^2 / (6{,}37 \times 10^6) = \Delta a \approx 0 \,.$$

(R: Erdradius)

Wie erklärt man das?

Genau genommen ist diese Schulaufgabe eine Mischung aus Statik und Dynamik. Die $F_\theta = mg\cos\theta$ ist eine Komponente der Erdgravitation und sie ist von der Geschwindigkeit des Körpers unabhängig, daher handelt es sich nur um eine Statikgleichung. Die echte zentrifugale Beschleunigung a_V, die der echten Außenkraft, der Erdgravitation, entgegenwirkt, beträgt in diesem Fall fast gleich null. Das bedeutet aber nicht, dass sie hier wegen ihrer Geringfügigkeit vernachlässigt wurde.

Aus Gleichung (***) ersehen wir, dass f_V exakt gleich der Erdgravitation ist und es keine Vernachlässigung gibt. Durch Ersetzen der $g_3\, l_3$ durch $a_A\, l_A$ (s. **) ist a_V eigentlich schon in $a_\otimes$ erfasst. Dies wird dadurch bewiesen, dass das dynamische Gleichgewicht dieses Systems einfach mit zwei gleichen Kräften f_A und $f_\otimes$ genau beschrieben werden kann.

Fazit:

Unter einer erweiterten zentrifugalen Kraft versteht man, dass sich ein mit der Geschwindigkeit v bewegter Körper m allen Außenkräften widersetzt, die senkrecht zu seiner Laufrichtung einwirken sowie in seinem Abstand zu einer Hauptaußenkraft und in seiner Position auf einer senkrechten Ebene verharrt. Das Gleichgewicht dieses Systems kann durch zwei orthogonale zentrifugale Kräfte, eine Haupt- und eine Orthogonal-Zentrifugalkraft f_A und $f_\otimes$, die gleich groß sind, hergestellt werden. Dies kann einfach so betrachtet werden, dass ein kreisender Körper zwei zentrifugale

Kräfte auf zwei orthogonalen Ebenen hat. Damit haben wir die zentrifugale Kraft im bisherigen Sinne korrigiert und erweitert.

Zu beachten:

1. Der Radius ist der Abstand zwischen dem Körper und der Außenkraft, nicht immer zwischen dem Körper und dem Kreiszentrum, kann bei Bedarf mit $r_\otimes$ gezeichnet werden.

2. Die zentrifugale Kraft hängt nur vom Abstand (Radius $r_\otimes$) der jeweiligen Außenkraft und Geschwindigkeit des Körpers ab. Sie ist von der Form des Kreises unabhängig.

3. Die Richtung der zentrifugalen Kraft zeigt immer entgegen der einwirkenden Außenkraft.

4. Die Stärke der zentrifugalen Kraft ist immer gleich der einwirkenden Außenkraft, jedoch maximal proportional zum Quadrat der Geschwindigkeit und verkehrt proportional zum Abstand zwischen dem Körper und der Mitte der Außenkraft. Als Formel (der Beschleunigung) ergibt sich:

$$a_\otimes = v^2 / r_\otimes \, .$$

I. 1b
Entstehung der Zentrifugalkraft

Manche behaupten, dass die zentrifugale Kraft nur eine Scheinkraft, also nicht echt sei. Um zu prüfen, ob diese Behauptung stimmt oder nicht, müssen wir zunächst einmal genau wissen, wie die zentrifugale Kraft eigentlich entstanden und was überhaupt die sogenannte Kraft ist.

Steht zum Beispiel ein Mensch auf einem geradeaus fahrenden Wagen, wird er, wenn der Wagen nach links abbiegt, nach rechts geschleudert. Dieses Phänomen wird allgemein als zentrifugale Kraft betrachtet, d. h., der Betreffende wird von einer zentrifugalen Kraft nach rechts geschleudert. Die Leute, welche die Scheinkraft feststellen, erkennen sie so, dass der Mann nur seine geradlinige Bewegung fortsetzt und der Wagen nach links abbiegt. Dadurch erscheint es, als ob der Mann nach rechts geschleudert würde und es in Wirklichkeit keine Beschleunigung gäbe. Diese Sichtweise ist nicht ganz unrecht, aber:

Wie wir schon wissen, tritt eine Zentrifugale nur ein, wenn eine Kraft auf eine Änderung der Bewegung des Körpers einwirkt. Wenn der Mann auf dem Wagen sich nicht an irgendwas an diesem festhält, würde er geradlinig aus diesem herausfliegen, während der Wagen nach links wegfährt. Dann haben die Leute, welche die Scheinkraft wahrnehmen, recht, da es keine zentrifugale Kraft gibt. Wenn aber der Mann sich an dem Wagen festhält, spürt er, dass er von einer Kraft nach rechts gezogen wird, wenn der Wagen nach links abbiegt. Weil diese nach links abbiegende Bewegung den Zustand der geradlinigen Bewegung des Menschenkörpers ändert, reagiert der Menschenkörper mit einer zentrifugalen Kraft diesem Umstand entgegen. Also kommt die zentrifugale Kraft aus den Bewegungen der zwei beteiligten Körper – dem Wagen und dem Körper des Menschen.

Verschiedener Meinung zufolge besitzt der mit gleichmäßiger Geschwindigkeit bewegte Körper keine Kraft. Das stimmt und stimmt doch nicht. Zwei Wagen, die im Leerlauf aufeinander zurollen, erhalten natürlich keine Kraft voneinander. Wenn sie aber gegeneinander stoßen, entstehen Kollisionskräfte, wodurch sie sich gegenseitig abstoßen. Diese Kräfte sind dadurch entstanden, dass die Geschwindigkeit v des Wagens m in einer kurzen Zeit Δt auf null reduziert wurde, wodurch dann eine Kraft hervorgebracht wurde:

$F = mv/\Delta t$.

So entsteht die sogenannte Kraft, die ein Körper in einem kurzen Moment besitzt. Das heißt, die Kraft eines Körpers wird erzeugt, wenn sein Bewegungszustand geändert wird. Auch ein auf dem Boden stehender Mann besitzt eine Kraft, die Schwerkraft, die er ständig gegen den Untergrund ausübt. Diese Kraft ist deshalb entstanden, weil die Geschwindigkeit des Körpers verhindert wird. Diese hätte entstehen können, wenn der Körper in der Kraftrichtung beweglich wäre. Wenn er aber von einem Hochhaus abgesprungen ist, befindet er sich in einem Zustand des freien Falls, und wird die Geschwindigkeit seines Körpers, abgesehen etwa vom Luftwiderstand, nicht verhindert, dann ist er schwerelos und hat auch keine Kraft. Er besitzt also keine Kraft, obwohl er von der Erdgravitation angezogen wird, wie ein frei rollender Wagen.

Wenn die zwei Wagen auseinander rollen und mit einem dickeren Seil verbunden sind, wird dieses, wenn seine Länge zu Ende gegangen ist, gespannt und die Wagen jeweils voneinander angehalten werden. Dann ist für beide Wagen die Kraft entstanden, die am anderen zieht, also die anziehende Kraft.

Die Kraftentstehung eines Körpers ist eigentlich ein umgekehrter Prozess der Situation, wenn ein Körper von einer Kraft beschleunigt wird. Das heißt, die Kraft und die Bewegung korrelieren miteinander, durch Kraft entsteht Bewegung, durch Bewegung entsteht Kraft, wenn die Bewegung verhindert wird. Mit diesem Thema werden wir uns noch weiter beschäftigen.

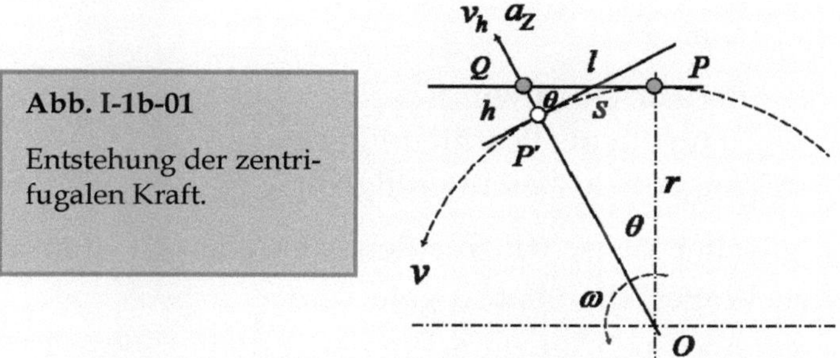

Abb. I-1b-01

Entstehung der zentrifugalen Kraft.

Wir betrachten einen Körper, der mit einem mit Winkelgeschwindigkeit ω rotierenden System verbunden ist (s. Abb. I-1b-01). Wenn der Körper an Punkt P von dem System abgelöst wäre, würde er waagrecht nach links fliegen. Wenn er aber mit dem System verbunden ist, wird seine Hätte-Fliegen-Bewegung angehalten. Daraus ist eine Kraft entstanden, die nach außen zieht und als zentrifugale Kraft bezeichnet wird.

Wenn der Körper nicht angehalten würde, wäre er nach einer kurzen Zeit etwa beim Punkt Q angekommen. Verbindet man den Punkt Q und den Mittelpunkt O, kreuzt diese Verbindungslinie die Kurve am Punkt P'. Wird eine Tangente durch den Punkt P' gezogen, schneidet sie die Linie l genau in der Mitte. In dieser kurzen Zeit hätte sich der Körper von der Kurve ungefähr um eine Strecke h entfernt. Diese beträgt:

$$h = \tfrac{1}{2} l \sin \theta \,.$$

Bei winzigem Winkel kann $sin\ \theta$ annähernd als θ und die Länge der Linie l gleich wie der Kurvenlänge S angenommen werden:

$$\sin \theta \approx \theta \ \text{und}\ l \approx S = r\theta \,.$$

Dann haben wir folgende Gleichungen:

$$h = \tfrac{1}{2} l \sin \theta \approx \tfrac{1}{2} r\theta^2 \,,$$

$$v_h = \frac{dh}{dt} = \frac{d(\tfrac{1}{2} r\theta^2)}{dt} = \frac{\theta d(r\theta)}{dt} = \frac{\theta dS}{dt} = \theta v \,,$$

$$a_Z = \frac{dv_h}{dt} = \frac{v d\theta}{dt} = \frac{v d(r\theta)}{r dt} = v^2 / r \,.$$

(v_h: Radiale Geschwindigkeit,
 a_Z: Zentrifugale Beschleunigung,
 v: Tangentiale Geschwindigkeit)

In gleicher Weise tritt für den Menschen auf dem abbiegenden Wagen die zentrifugale Kraft $f_Z = m a_Z = m v^2 / r$ nur auf, wenn er sich an dem Wagen festhält. Diese ist nicht anscheinend, sondern ausgesprochen echt. Sie entstand auf rein natürliche Weise und ist eine ebenso natürliche Kraft.

I. 1c
Geschwindigkeitsverharrung

Wir haben gesehen, dass ein bewegter Körper seine Zustände wie den Abstand und die Position verteidigt. Wir können uns natürlich auch vorstellen, dass ein bewegter Körper sich auch in seinem Geschwindigkeitszustand verteidigt. Dann müsste dieser eine Verharrungskraft besitzen, mit welcher er sich der einwirkenden Außenkraft widersetzt, egal ob es sich bei ihr um eine Beschleunigung oder eine Bremsung handelt. Die Frage lautet, wie und wie groß die Verharrungskraft sein und mit welchem Mechanismus dies geschehen soll.

Aus alltäglichen Erfahrungen kennen wir zum Beispiel das Phänomen, dass es umso schwieriger ist, einen Wagen zum Stillstand zu bringen, je schnelle dieser rollt. Umgekehrt gilt: Je schneller zum Beispiel ein Racket fliegt, desto schwieriger ist es, ihn noch weiter zu beschleunigen. Hinter diesem Verhalten steckt offenbar eine Verharrungskraft, die irgendwie mit der Geschwindigkeit des Körpers zu tun haben müsste. Je schneller sich also der Körper bewegt, desto größer müsste diese Kraft sein.

Angenommen, der Körper besitzt eine Verharrungskraft $f_{\otimes}$, deren Stärke mit der Geschwindigkeit steigt. Wenn er von einer Kraft ($F = ma$) angetrieben wird, wächst die Kraft $f_{\otimes}$ mit der weiter steigenden Geschwindigkeit immer mehr, während F konstant bleibt. Dann wird es irgendwann zu jenem Punkt kommen, an dem die Verharrungskraft die antreibende Kraft ausgleicht und die Geschwindigkeit des Körpers damit nicht mehr weiter steigen kann. Das bedeutet, diese Geschwindigkeit aus der Beschleunigung $v = at$ muss gleich der Geschwindigkeit infolge der Verharrungskraft

$f_\otimes = ma(v)$ sein. Dann wird die Geschwindigkeit eines angetriebenen Körpers auf dieses Maß stabilisiert bzw. beschränkt.

Für einen kreisenden Körper hat die Natur einen Mechanismus, die Zentrifugalkraft, zur Verfügung gestellt, mit welcher der Körper in einigen seiner Zustände verharren kann. Ist es auch denkbar, dass die Natur die gleiche Methode verwendet, um die Geschwindigkeit eines bewegten Körpers gegen die einwirkende Außenkraft zu verteidigen? Weil diese Methode nur für eine Kreisbewegung geeignet ist, könnte sie dann vielleicht auch zumindest für die Verharrung in der Geschwindigkeit auf einer solchen Kreisbewegung gültig sein?

Mit diesem Gedanken möchten wir mal eine Beschleunigung $a_\otimes = v^2/r$ als Verharrungsbeschleunigung annehmen, um zu sehen, was herauskommen wird.

Betrachten wir einen Körper, der von einer Außenkraft $F=ma$ beschleunigt und mit einem Radius r um einen Mittelpunkt kreist. Angenommen die Verharrungskraft beträgt $f_\otimes = ma_\otimes = mv^2/r$ und ist genauso groß wie die Zentrifugalkraft (s. Abb. I-1c-01). Dann erhalten wir folgende Gleichung:

$$F = ma = m\frac{dv}{dt} = ma - ma_\otimes = ma - m\frac{v^2}{r}. \quad \text{(Gl. I-1c-1)}^{(*)}$$

Diese Gleichung kann einfach so gelöst werden:

$$da = \frac{dv}{dt} = \frac{dv\,ds}{ds\,dt} = \frac{dv^2}{2r\,d\theta} = a - \frac{v^2}{r},$$

$$dv^2/d\theta = 2(ar - v^2),$$

$$\ln(v^2 - ar) = -2\theta,$$

$$v^2 - ar = Ce^{-2\theta}.$$

Daraus ergibt sich

$$v = \sqrt{ar + (v_0^2 - ar)e^{-2(\theta-\theta_0)}}. \quad \text{(Gl. I-1c-2)}$$

$$(\theta = \theta_0, \quad v = v_0, \quad C = (v_0^2 - ar)e^{2\theta_0})$$

Wenn θ unendlich ist, ist die Geschwindigkeit des Körpers begrenzt auf maximal

$$v_{\theta \to \infty} = \sqrt{ar} \cdot \qquad \text{(Gl. I-1c-3)}$$

Sie ist die durch die antreibende Beschleunigung a entstandene maximale Geschwindigkeit und entspricht auch der Verharrungsbeschleunigung $a_\otimes$:

$$a = v^2 / r = a_\otimes \cdot$$

Also ein Volltreffer.

Das beweist ausreichend, dass die Verharrungskraft eines Körpers auch für die Geschwindigkeit gleich der zentrifugalen Kraft ist:

$$f_\otimes = ma_\otimes = mv^2 / r \cdot \qquad \text{(Gl. I-1c-4)}$$

($f_\otimes, a_\otimes$: Verharrungskraft und -beschleunigung des Körpers).

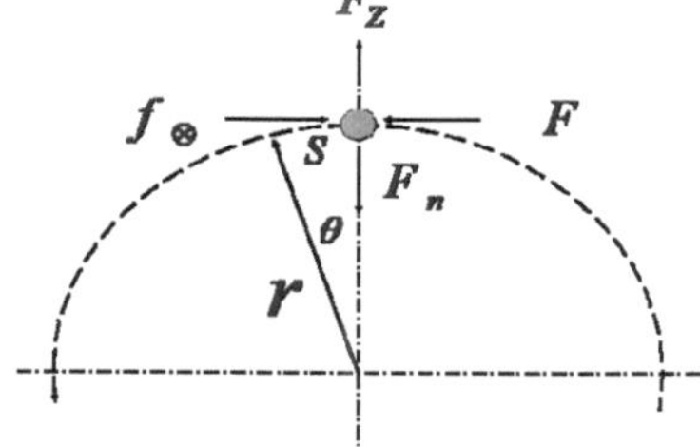

Und wir wissen auch, dass ein Körper, der mit der Geschwindigkeit v um jenen Mittelpunkt mit dem Radius r kreist, immer eine zentrifugale Beschleunigung a_Z mit sich bringt, die auch dazu passen muss:

$$a_Z = v^2 / r = a_\otimes \cdot$$

Das heißt, dass diese Verharrungskraft einzig ist. Damit hat sich notwendig und ausreichend bewiesen, dass sich die

Verharrungskraft eines mit Radius r umkreisten Körpers proportional zum Quadrat der Geschwindigkeit und umgekehrt proportional zum Radius des Kreises verhält. Als Formel (der Beschleunigung) dargestellt:

$$a_\otimes = v^2 / r \, .$$

Die Geschwindigkeit $v = \sqrt{ar}$ ist eine maximale Geschwindigkeit, die ein von einer Außenkraft $F = ma$ beschleunigter Körper erreichen kann. Wenn die Anfangsgeschwindigkeit v_0, wie angenommen, kleiner als die Zielgeschwindigkeit ist, wird sie nach einer unendlichen Zeit eine Geschwindigkeit von $\sqrt{ar}$ erreichen.

Aus Gleichung (Gl. I-1c-2) erkennen wir: Wenn die Anfangsgeschwindigkeit v_0 größer als die Geschwindigkeit $\sqrt{ar}$ ist, wird die Geschwindigkeit des Körpers gebremst und irgendwann auf diese Geschwindigkeit verringert (Dieses Phänomen wird später noch weiter erklärt). Deshalb kann diese Geschwindigkeit $\sqrt{ar}$ als Zielgeschwindigkeit bezeichnet werden.

Umgekehrt gilt: Wenn ein Körper von einer Kraft $F = ma$ auf die maximale Geschwindigkeit $v = \sqrt{ar}$ beschleunigt wird, obwohl der Körper weiterhin von der antreibenden Kraft beschleunigt wird, kann seine Geschwindigkeit nicht mehr weiter steigen. Das heißt, der mit einer Geschwindigkeit v und einem Radius r bewegte Körper besitzt eine Widerstandskraft $f_\otimes = ma_\otimes = mv^2 / r$, mit welcher er der antreibenden Außenkraft entgegen in seinem Geschwindigkeitszustand verharrt. Das bedeutet: Wenn man die Geschwindigkeit dieses Körpers ändern will, benötigt man eine Außenkraft, die größer als die Widerstandskraft ist. Egal ob es darum geht, sie zu beschleunigen oder zu bremsen.

Zu beachten ist, dass es sich bei dieser Außenkraft $F = ma$ um eine Kraft mit derselben Masse des beschleunigten Körpers handelt. Genauer gesagt, handelt es sich um die Beschleunigung, nicht die Kraft selbst, wie zum Beispiel die

Gravitation. Das bedeutet andererseits auch, dass die Geschwindigkeit eines Körpers, die von einer solchen Kraft beschleunigt wird, von dessen Masse grundsätzlich unabhängig ist.

Es gibt auch bei der Verharrungskraft eine interessante Eigenschaft wie bei der Zentrifugalkraft, dass nämlich das Quadrat der Geschwindigkeit eines Körpers gleich dem Drehmoment der Verharrungskraft um den Mittelpunkt der Außenkraft ist:

$$m_{\otimes} = mv^2 = f_{\otimes}r_{\otimes} \,. \qquad\qquad \text{(Gl. I-1c-5)}$$

Dass die Geschwindigkeit eines beschleunigten Körpers begrenzt ist und nicht unendlich wachsen wird, bildet eine sehr wichtige Erkenntnis, die uns bislang unbekannt war. Ihre Bedeutung werden wir im Laufe dieses Buches noch sehen. Anscheinend mag Gott eine solch lästige Unendlichkeit auch nicht sehr gern. Darum hat er einen solchen Mechanismus eingeführt.

(*): Die Gleichung Gl. I-1c-1 kann auch bezüglich der Zeit aufgelöst werden:

$$ma = m\frac{dv}{dt} = ma - ma_F = ma - m\frac{v^2}{r} \,,$$

$$\int \frac{dv}{(a - \frac{v^2}{r})} = \int \sqrt{\frac{r}{a}}(\frac{1}{\sqrt{ar}+v} + \frac{1}{\sqrt{ar}-v})\frac{dv}{2} = \int dt \,.$$

Ist dies geschehen, erhalten wir

$$\frac{\sqrt{ar}+v}{|\sqrt{ar}-v|} = Ce^{2t\sqrt{\frac{a}{r}}} \,.$$

Daraus ergibt sich

$$v = \sqrt{ar}\left(\frac{Ce^{2kt}-1}{Ce^{2kt}+1}\right) \,. \qquad\qquad (v < \sqrt{ar}),\ (k = \sqrt{a/r})$$

$$v = \sqrt{ar}\left(\frac{Ce^{2kt}+1}{Ce^{2kt}-1}\right). \qquad\qquad (v > \sqrt{a\,r}\,),\ (k = \sqrt{a/r}\,)$$

Das Ergebnis ist gleich $\underset{t \to \infty}{v} = \sqrt{ar}$.

I. 1d
Die Trägheit

Die Masse, ein sinnloses und lebloses Ding, wie zum Beispiel ein Felsgestein, besitzt eine natürliche und einfache Eigenschaft, die Faulheit. Demzufolge will sich ein Körper einfach nicht bewegen, wenn er ruht, und möchte seinen Bewegungszustand auch nicht ändern, wenn er sich bewegt. Im Fachjargon der Physik nennt man dies Trägheit.

Wir haben gesehen: Mit erweiterter Zentrifugale verharrt ein Massekörper in seinem Zustand gegen alle Kräfte, die senkrecht auf die Bewegungsrichtung des Körpers Einfluss nehmen. Und durch Verharrung der Geschwindigkeit widersetzt sich der Körper allen Kräften, die zur und entgegen der Bewegungsrichtung einwirken. Beide zusammen umfassen 3 Dimensionen von Raumrichtungen, in denen der bewegte Körper in seinen Zuständen gegen alle Außenkräfte aus allen Raumrichtungen verharrt, und zwar mit gleichem Mechanismus und gleicher Stärke.

So fassen wir die erweiterte Zentrifugale und die Geschwindigkeitsverharrung zusammen und nennen sie Trägheitskraft, oder einfach Trägheit, die durch das Zeichen $f_\otimes$ dargestellt wird:

$$f_\otimes = ma_\otimes = mv^2/r_\otimes. \qquad\qquad \text{(Gl. I-1d-1)}$$

($a_\otimes$ = Trägheitsbeschleunigung,

$r_\otimes$ = Trägheitsradius).

Die Trägheitskraft spielt eine außerordentlich wichtige Rolle in der Physik, ist aber bislang völlig vernachlässigt worden. Ohne sie lassen sich viele physikalische Geschehnisse und Phänomene nicht richtig erklären. Mit ihr müssten leider manche physikalische Kenntnisse und Regeln geändert werden, darunter auch manche uns schon lange vertraute physikalische Gesetze, was für uns sehr unbequem werden könnte.

$$*\quad *\quad *$$

Um die Trägheitskraft näher kennenzulernen, nehmen wir jetzt eine Pendelbewegung mit einem großen Pendelwinkel als Beispiel (s. Abb. I-1d-01):

Wenn man das Pendel auf waagrechter Position (Punkt A) loslässt, wird dies von der Gravitationskraft ($F = mg\sin\theta$) beschleunigt und dieser steht wiederum das Pendel mit einer Trägheitskraft ($f_\otimes = mv^2/r$) entgegen. Dann haben wir folgende Gleichung:

$$F = \frac{mdv}{dt} = \frac{mdvds}{-rd\theta dt} = \frac{mdv^2}{-2rd\theta} = m(g\sin\theta - \frac{v^2}{r}),$$

(s: Kurvenlänge, $ds = -rd\theta$)

Nach Umformung ergibt sich

$$\frac{dv^2}{d\theta} = 2v^2 - 2gr\sin\theta. \tag{Gl. I-1d-2}$$

Daraus erhalten wir

$$v^2 = e^{\int 2d\theta}(\int -2gr\sin\theta\, e^{-\int 2d\theta}d\theta + C)$$
$$= e^{2\theta}[gr\tfrac{4}{5}(\sin\theta + \tfrac{1}{2}\cos\theta)e^{-2\theta} + C]$$
$$= gr\tfrac{4}{5}(\sin\theta + \tfrac{1}{2}\cos\theta) + Ce^{2\theta}. \tag{Gl. I-1d-3}$$

Und die Geschwindigkeit des Pendels ergibt sich zu

$$v = \sqrt{\tfrac{4}{5}rg(\sin\theta + \tfrac{1}{2}\cos\theta - e^{2(\theta-\pi/2)})}. \tag{Gl. I-1d-4}$$

$$(\theta_0 = \pi/2\,,\ \ v_0 = 0\,, C = -\tfrac{4}{5}gre^{-2\theta_0} = -\tfrac{4}{5}gre^{-\pi}\,).$$

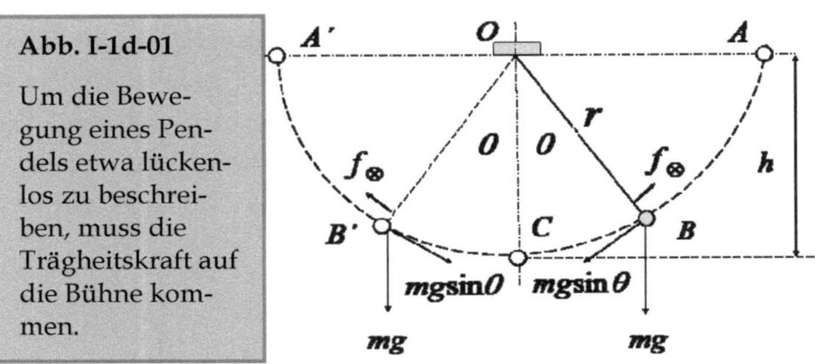

Aber wenn das Pendel sich von A nach unten bewegt, verringert sich die antreibende Kraft ($F = mg\sin\theta$) mit immer kleiner werdendem Winkel fortlaufend, während der Trägheitswiderstand ($f_\otimes = mv^2/r$) mit wachsender Geschwindigkeit immer größer wird. Auf jenem Punkt B etwa wird der Widerstand von der antreibenden Kraft ausgeglichen. Bei diesem Punkt erreicht das Pendel seine maximale Geschwindigkeit.

Angenommen, der Winkel beträgt bei Punkt B zwischen dem Seil und der Vertikalen θ. Dann ist der Trägheitswiderstand $f_\oplus$ so groß wie die antreibende Kraft F. Daher ergibt sich folgende Gleichung:

$$v^2/r = \tfrac{4}{5}g(\sin\theta + \tfrac{1}{2}\cos\theta - e^{2(\theta-\pi/2)})/r = g\sin\theta.$$

$$\text{(Gl. I-1d-5)}$$

Angenommen, der Radius r beträgt einen Meter, so liefert diese Gleichung (mit Microsoft-Mathematics) das Ergebnis

$$\theta = 0{,}7519335\ rad \approx 43{,}0826°.$$

Setzen wir die Werte

$\theta = 0{,}751\ 933\ 5\ rad,$
$g\ =\ 9{,}81\ m/s^2,$
$r = 1\ m$

in Gleichung Gl. I-1d-4 ein und lösen sie nach v auf, erhalten wir an Punkt B die Geschwindigkeit

$$v_B = 2,59\,m/s\,.$$

Unterhalb von diesem Punkt ist das antreibende F kleiner als der Widerstand $f_\otimes$ und so kann sich die Geschwindigkeit nicht mehr weiter steigern. Dann bleibt diese maximale Geschwindigkeit bis Punkt C unverändert. Nach Punkt C bis Punkt A' findet eine Rückwärtsbewegung von Punkt A nach C statt.

Der ganze Prozess läuft ungefähr folgendermaßen ab:

Das Prinzip ist immer gleich. Die Trägheit eines Körpers widersetzt sich allen einwirkenden Außenkräften, die zu und entgegen der Laufrichtung des Pendels gerichtet sind. Um dessen Geschwindigkeit ändern zu können, benötigt man eine Außenkraft, die größer als die Trägheitskraft ist.

Am Anfang ist am Punkt A die antreibende Kraft F am größten und die Trägheitskraft gleich null.

Am Punkt B gleicht die Trägheitskraft $f_\otimes$ F aus, wobei die Netto-Trägheitskraft gegen die antreibende Kraft gleich null tendiert. Wenn jetzt noch mehr von der antreibenden Kraft dazukäme, würde der Körper weiter beschleunigt. Von Punkt B zu C wird F immer schwächer, und bei unveränderter Geschwindigkeit steigt die Netto-Trägheitskraft immer weiter, bis auf Punkt C ihre maximale Kraft erreicht. Die Geschwindigkeit und die kinetische Energie des Pendels bleiben unverändert wie bei Punkt B und die antreibende Kraft F ist auf null reduziert.

Ab Punkt C fängt F von null an, wieder an zu steigen, dieses Mal richtet sie sich gegen die Bewegung. Weil sie am Anfang noch kleiner als die Trägheitskraft ist, bleibt die Geschwindigkeit des Pendels auch unverändert bei ihrem Maximum, bis auf dem Punkt B' der symmetrische Punkt von B erreicht ist. Am Punkt B' haben sich die Trägheit und die antreibende Kraft wieder ausgeglichen.

Das Ausgleichen heißt aber nicht, dass die Trägheitskraft verschwindet, sie widersetzt sich immer weiter der antreibenden. Von $B´$ nach oben ist das antreibende F größer als $f_\otimes$. Weil ein Teil der antreibenden Kraft von der Trägheit ausgeglichen wird, verbleibt nur der übergebliebene Teil, mit dem die Geschwindigkeit des Pendels gedrosselt wird. Dabei verringert sich die Trägheitskraft mit der immer kleiner gewordenen Geschwindigkeit permanent. Trotzdem kompensiert sie immer einen Teil der antreibenden Kraft, bis die Geschwindigkeit auf null reduziert ist. Dann befindet sich das Pendel theoretisch wieder auf Anfangshöhe.

Infolgedessen ist uns jetzt klar, dass sich das Pendel deshalb so hin und her bewegt, weil es gegenseitig von zwei Kräften, nämlich Trägheit und Gravitation, in Wechselwirkung beeinflusst wird. Aber welche Rolle spielt die Energie?

Dem Energieerhaltungssatz zufolge müsste die potenzielle Energie am Punkt A gleich der kinetischen am Punkt C sein. Weil die Geschwindigkeit am Punkt C wegen des Trägheitswiderstands lediglich ca. $v_C = 2{,}59 m/s^2$ ist, beträgt die kinetische Energie am Punkt C auch nur

$$E_C = mv_C^2 / 2 = m3{,}35\,Joule$$

Und die Geschwindigkeit am Punkt C müsste dem Energieerhaltungssatz zufolge so sein:

$$v_{C*} = \sqrt{2gh} = 4{,}43 m/s\,.$$

Aber die potenzielle Energie am Punkt A ist gleich

$$E_A = mgr = m9{,}81\,Joule.$$

(m: Masse des Pendels)

Also ist ein großer Teil der ursprünglichen Energie verloren gegangen! Mit dieser Energie von $m3{,}35J$ kann es das Pendel nicht mehr schaffen, sich wieder so hoch wie am Anfang zu bewegen. Das heißt, mit Energieerhaltung lässt sich diese Pendelbewegung nicht erklären.

Somit sieht aber die Energiebilanz nicht so ordentlich aus. Der Grund ist auf die Eigenschaft der Trägheit zurückzuführen, dass es, um den Zustand eines Körpers zu ändern, eine Kraft benötigt, die größer als die Trägheitskraft sein muss. Sonst hätte die eingesetzte Außenkraft umsonst gearbeitet.

Die potenzielle Energie, die durch den Höhenunterschied des Körpers zu einer Kraft entstanden ist, müsste eigentlich genau diejenige Energie sein, die der Arbeit entspricht, welche diese Kraft durch das Maß des Höhenunterschieds geleistet hat, aber nur, wenn es keinen Widerstand durch Trägheit gäbe. Unter dem Einfluss der Trägheit kann diese Pendelbewegung mit der Energieerhaltung also nicht richtig beschrieben werden.

Im Grunde genommen entsteht durch Arbeit der Kraft nichts anderes als nur die Bewegung, also die Geschwindigkeit. Der Trägheit zufolge sind die Geschwindigkeit und die Trägheitskraft bei unverändertem Radius äquivalent. Dann existiert mit der Trägheitskraft die richtige Methode, um die Geschwindigkeit zu beschreiben. Wir müssen auch verstehen, dass die Bewegung nur durch Kraft entstehen kann, und dass die Energie dennoch nicht gleich der Kraft ist. Und tatsächlich: Mit der Trägheitskraft kann das Pendel wieder auf Punkt $A´$ gelangen, welcher sich auf der gleichen Höhe wie Punkt A befindet. Dann bekommt es seine ursprüngliche Energie von $m9,81\,J$ wieder.

Nicht berücksichtigt wurde, dass das Pendel von Punkt A auf B etwas Zeit braucht. Daher könnte die berechnete Geschwindigkeit ein wenig abgewichen sein.

Die Trägheitskraft ist natürlich durch potenzielle Energie entstanden. Aber das heißt nicht, dass die potenzielle Energie die Trägheitskraft wie auch die kinetische Energie erzeugt hat. Die Trägheitskraft und die kinetische Energie bilden eine und dieselbe Sache, um diese Bewegung zu beschreiben.

Daher sehen wir: Mit der Energieerhaltung diese Pendelbewegung zu beschreiben, ist fehlerhaft. Dadurch wird der Energieerhaltungssatz irgendwie infrage gestellt. Darüber könnte man vielleicht ganz lautstark behaupten: „Jede Theorie, die den Energieerhaltungssatz nicht erfüllt, ist einfach falsch!" Um diesen eisernen Satz zu widerlegen, ist offenbar jeder Versuch zwecklos, zumindest in jetziger Zeit. Darum müssen wir dieses Thema zunächst beiseite legen.

*　　*　　*

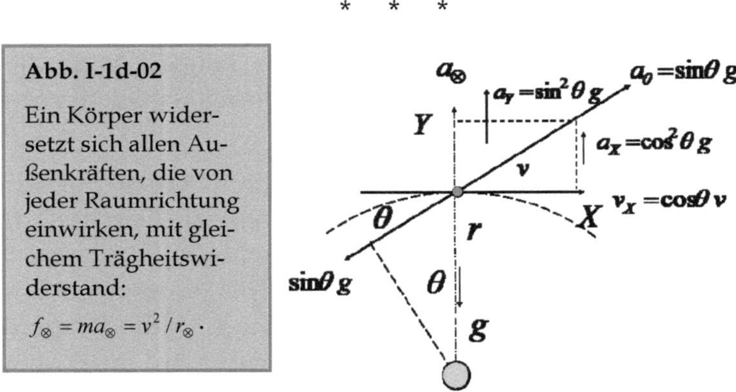

Die Trägheit, die wir bisher thematisiert haben, galt immer für den Körper, der kreist. Sie ist zwar von der Form des Kreises unabhängig, läuft aber immer in tangentialer Richtung. Was wird aber geschehen, wenn ein Körper schräg zur Tangentiale verläuft (s. Abb. I-1d-02)?

Wenn ein Körper sich mit der Geschwindigkeit v in einem Winkel θ zur Horizontalen und einem Abstand r zur Außenkraft bewegt und angenommen, die Geschwindigkeit v diejenige ist, die der Gleichung $g = v^2/r$ entspricht, so wäre, wenn er sich in X-Richtung bewegen würde, die Komponente der Außenkraft g in seiner Laufrichtung gleich g_θ, die seiner Trägheitskraft entspricht:

$$a_\theta = g_\theta = g \sin\theta\,,$$

und deren Komponente in Y-Richtung beträgt:

42

$$a_Y = g \sin^2 \theta , \qquad\qquad (*)$$

und die Geschwindigkeitskomponente des Körpers in X-Richtung ist gleich

$$v_X = v \cos \theta .$$

Daraus entsteht eine Zentrifugale, die auf der Y-Achse nach außen gerichtet ist:

$$a_X = v_X^2 / r = (\cos^2 \theta) v^2 / r = g \cos^2 \theta . \qquad (**)$$

Dann ist die Trägheitskraft, die der Außenkraft g entgegensteht, gleich der Summe von Gleichung (*) und (**):

$$a_\otimes = a_X + a_Y = g(\cos^2 \theta + \sin^2 \theta) = g .$$

Dies ist das gleiche Ergebnis, als ob der Körper sich mit derselben Geschwindigkeit in X-Richtung bewegen würde. Infolgedessen heißt dies, dass die Trägheit, die sich der einwirkenden Außenkraft widergesetzt, von der Bewegungsrichtung des Körpers unabhängig ist.

Insbesondere wenn der Winkel $\theta = 90°$ oder $-90°$ beträgt, d. h. der Körper sich zu oder entgegen der Außenkraft bewegt, ist die Trägheitskraft auch gleich dem Quadrat der momentanen Geschwindigkeit, geteilt durch den momentanen Abstand. Wenn ein Körper frei auf die Erdoberfläche fällt, unterliegt er, egal wie weit er am Anfang von der Erde entfernt ist, einer maximalen Anziehungskraft von $g = 9,81 v/s^2$, und besitzt eine Trägheitskraft von:

$$a_\otimes = v^2 / r .$$

Wenn $a_\otimes \geq g$ ist, kann sein Geschwindigkeit nicht mehr weiter steigen. Dann beschränkt sich, wenn er senkrecht auf der Erdoberfläche aufschlägt, seine maximale Geschwindigkeit auf

$$v = \sqrt{9,81 r} = 7'900 m/s .$$

($r = 6,3675 \times 10^6$ m: Radius der Erde)

*   *   *

Auch haben wir in der Schule gelernt, wie die Bahn eines Steinwurfs berechnet werden kann. Wir wissen vielleicht auch, dass diese Methode, mit der die Wurfbahn zu ermitteln ist, nur für solche Geschwindigkeiten gilt, die ungefähr durch Handwurf erreicht werden kann. Bei größeren Geschwindigkeiten gilt diese Methode nicht mehr. Zwar ist die Abweichung des Rechenergebnisses von der Wirklichkeit umso größer, je höher die Geschwindigkeit ist. Bei einer gewissen schnellen Wurf-Geschwindigkeit versagt diese Methode total. Warum ist dies so? Und gibt es eine Methode, die für alle Geschwindigkeit gültig ist?

Der Grund dafür liegt darin, dass bei der in der Schule erlernten Methode die Trägheitskraft nicht berücksichtigt wurde, die ein Körper bei jeder Bewegung aufbringt und immer einen Teil der Gravitation entzieht. Unter der Berücksichtigung der Trägheitskraft ist die Methode zur Berechnung der Steinwurfbahn für alle Geschwindigkeiten gültig.

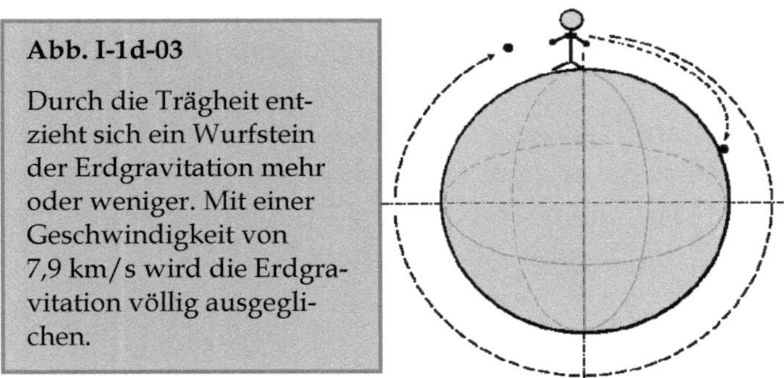

Abb. I-1d-03

Durch die Trägheit entzieht sich ein Wurfstein der Erdgravitation mehr oder weniger. Mit einer Geschwindigkeit von 7,9 km/s wird die Erdgravitation völlig ausgeglichen.

Wenn wir zum Beispiel auf einem höheren Platz von L Meter einen Stein mit einer Geschwindigkeit v_0 etwa waagrecht wegwerfen, wird dieser ohne Berücksichtigung der Trägheit nach t Sekunden auf den Boden fallen:

$$t = \sqrt{2L/g}\ .$$

44

Unter Berücksichtigung der Trägheit wird der Erdgravitation ein Teil von $a_\otimes = v_0^2 / r$ entzogen und die Fallzeit des Steinwurfs ergibt sich wie folgt:

$$t = \sqrt{\frac{2L}{g - v_0^2 / r}} \, .$$

(g: Erdgravitation, r: Erdradius)

Wir sehen, wenn die Wurfgeschwindigkeit v_0 auf ca. 7,9 km/s steigt, beträgt die Trägheit (zentrifugale Beschleunigung) ca.

$$a_\otimes = v^2 / r = 7900^2 / 6{,}3675 \times 10^6 \, m = 9{,}81 m / s^2 \, .$$

Dann wird die Gravitation der Erde vollständig ausgeglichen und die Fallzeit unendlich lang:

$$t_\otimes = \sqrt{\frac{2L}{g - v^2 / r}} = \sqrt{\frac{2L}{9{,}81 - 9{,}81}} = \infty \, .$$

Mit dieser Geschwindigkeit kann ein Stein ungehindert im erdnahen Bereich überall hinfliegen und fällt nicht mehr herunter, solange die Geschwindigkeit unverändert bleibt, wobei natürlich der Luftwiderstand nicht berücksichtigt wird. Weil die Trägheitskraft in allen Raumrichtungen gültig ist, bedeutet dies, dass sich ein Körper mit dieser Geschwindigkeit von ca. 7,9 km/s, die erste kosmische Geschwindigkeit genannt wird, der Erdgravitation völlig entzogen hat und er die Erde problemlos hätte verlassen können, wenn er sich radial nach außen bewegte. Denn je weiter er sich von der Erde entfernt, desto kleiner wird deren Gravitation. Er müsste sich eigentlich noch leicht weiter nach außen bewegen können. Aber wozu braucht es eine sogenannte zweite kosmische Geschwindigkeit (11,2 km/s), um die Erde zu verlassen? Darüber werden wir später diskutieren.

*　*　*

Wenn ein Körper sich durch seine Trägheitskraft der Gravitation der Erde total entzogen hat, befindet er sich in einem schwerelosen Zustand. Weil die Trägheit nicht von Form und Richtung der Bewegung abhängt, bedeutet dies, dass ein schwereloser Zustand nicht unbedingt nur entstehen kann, wenn sich der Körper mit einer Kreisbewegung bewegt, wie man bisher glaubte, sondern mit allen möglichen Bewegungen, falls deren Geschwindigkeit über 7,9 *km/s* beträgt.

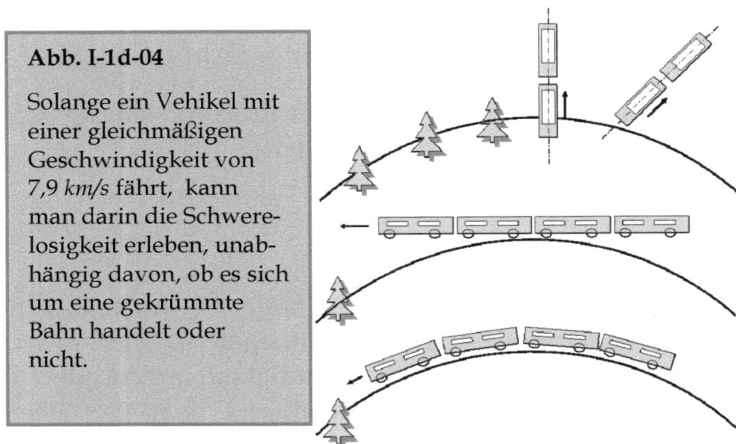

Abb. I-1d-04

Solange ein Vehikel mit einer gleichmäßigen Geschwindigkeit von 7,9 *km/s* fährt, kann man darin die Schwerelosigkeit erleben, unabhängig davon, ob es sich um eine gekrümmte Bahn handelt oder nicht.

So können wir Schwerelosigkeit in allen Vehikeln erleben, die sich mit 7,9 *km/s* erdnah bewegen (s. Bild I-1d-04), und zwar unabhängig von deren Richtung und Bewegungsart.

Fazit:

Trägheit ist eine natürliche Eigenschaft der Masse. Damit verharrt ein Körper in allen seinen Zuständen wie Abstand, Position und Geschwindigkeit entgegen allen Außenkräften, die aus sämtlichen Raumrichtungen einwirken.

Die Stärke der Trägheitskraft ist immer so groß wie die der einwirkenden Außenkraft, aber maximal gleich dem

Produkt aus Masse und Quadrat der Geschwindigkeit, geteilt durch den Trägheitsradius:

$$f_\otimes = mv^2 / r_\otimes.$$

Bemerkungen:

1. Die Trägheitskraft $f_\otimes$ richtet sich immer der einwirkenden Außenkraft entgegen.
2. Der Radius $r_\otimes$ ist der momentane Abstand zwischen dem Körper und der Außenkraft, nicht der Radius des Bewegungskreises.
3. Die Geschwindigkeit v ist die momentane Geschwindigkeit, die von Richtung und Form der Bewegung nicht abhängt.
4. Um Zustände eines Körpers ändern zu können, benötigt man eine Kraft, die größer als die Trägheitskraft des Körpers sein muss.

Die Trägheit sorgt dafür, dass der Körper sich möglichst widerstandslos weiter bewegen kann. Die Trägheitskraft ist eine echte Kraft. Sie ist aus Bewegungen auf natürliche Weise entstanden und sinngemäß eine Naturkraft.

I. 2

Trägheit des Rotationskörpers

I. 2a
Trägheits-Drehmoment

Wir können uns natürlich auch vorstellen, dass die Trägheit jedem Massekörper innewohnt, der sich irgendwie bewegt. Darunter auch dem Rotationskörper, der rotiert.

Als Beispiel nehmen wir eine homogene Scheibe (Abb. I-2a-01), die um ihre Achse mit Winkelgeschwindigkeit ω rotiert. Betrachten wir einen beliebigen Massepunkt P in der Scheibe mit Radius r, so ist die Trägheitskraft dieses Pünktchen gleich

$$\Delta f_{\otimes} = \Delta m a_{\otimes} = \Delta m v_r^2 / r = \Delta m r \omega^2 .$$

(m: Masse)

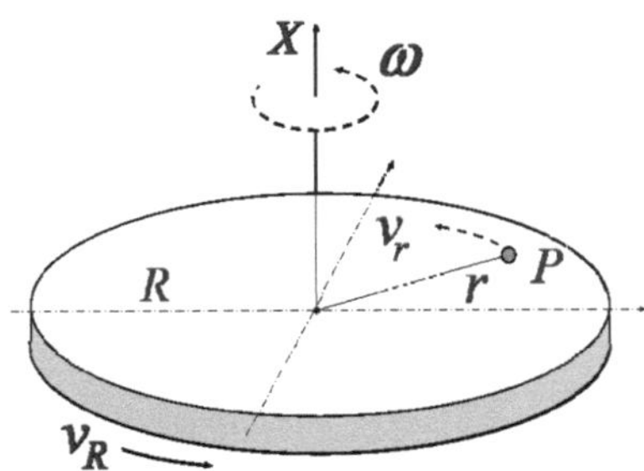

Abb. I-2a-01:

Die Trägheitskraft einer beliebigen Punktmasse in einem rotierten Körper ist gleich $f_{\otimes} = m v^2 / r$.

Durch diese Trägheitskraft entsteht ein Drehmoment in Bezug auf die X-Achse in Höhe von

$$\Delta m_{\otimes} = \Delta f_{\otimes} r = \Delta m a_{\otimes} r = \Delta m v_r^2 .$$

Drückt man diese statt v_r durch v_R aus, was die Geschwindigkeit am Rand der Scheibe bezeichnet, erhält man

48

$$\Delta m_{\otimes} = \Delta m v_r^2 = \Delta m \frac{v_R^2}{R^2} r^2 \quad .$$

$$(\frac{v_r}{v_R} = \frac{r}{R})$$

Das gesamte Drehmoment dieser Scheibe, das wir Trägheits-Drehmoment nennen und mit $m_{\otimes}$ bezeichnen, kann wie folgt berechnet werden:

$$m_{\otimes} = \sum \Delta m_{\otimes} = \int_0^R 2\pi b \rho v_R^2 \frac{r^3}{R^2} dr = \frac{1}{2} m v_R^2 \quad .$$

$$(\Delta m = 2\pi b r \Delta r \rho)$$

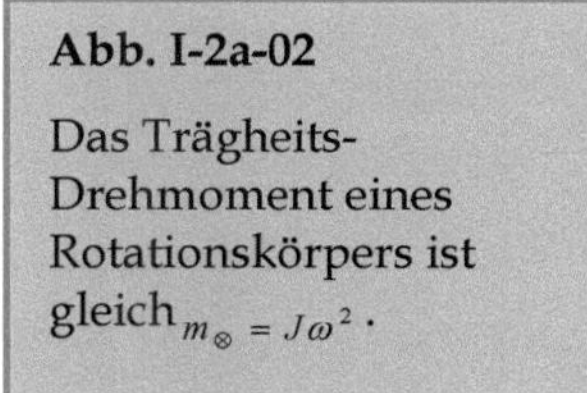

Abb. I-2a-02

Das Trägheits-Drehmoment eines Rotationskörpers ist gleich $m_{\otimes} = J\omega^2$.

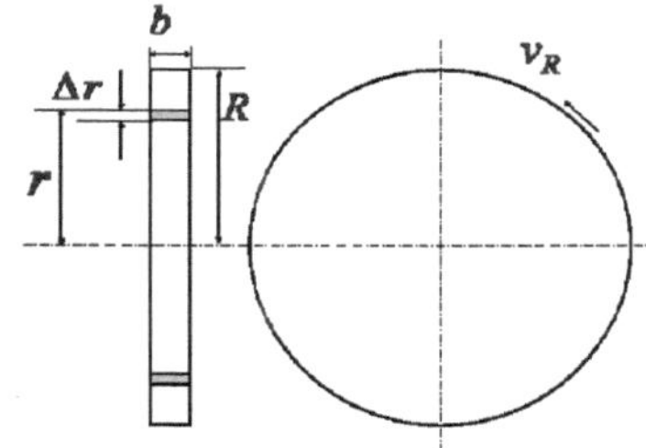

Diese Gleichung zeigt das Verhältnis zwischen antreibender Kraft a und der Geschwindigkeit v am Rande eines scheibenförmigen Körpers:

$$a = \tfrac{1}{2} v^2 / R \quad .$$

Wir nennen es das Grundverhältnis, was bedeutet, dass die Geschwindigkeit im Randbereich eines homogenen Scheibenkörpers, der von a an diesen Rand beschleunigt wird, maximal erreicht werden kann:

$$v = \sqrt{2Ra} \quad \cdot$$

Dass mit einem Koeffizienten ½ genau das übliche Trägheitsmoment zur Scheibe $J = \tfrac{1}{2} mR^2$ passt, ist kein Zufall. Es versteht sich, dass das Trägheitsmoment $J = (k_J)mR^2$ allgemein für alle Rotationskörper in Anwendung des Trägheits-Drehmoments gültig ist, und so kann Letzteres für alle Rotationskörper mit der Winkelgeschwindigkeit ω so dargestellt werden:

$$m_\otimes = f_\otimes R = J\omega^2 \, . \qquad\qquad\text{(Gl. I-2a-1)}$$

Die physikalische Bedeutung des Trägheits-Drehmoments ist: Wenn ein Rotationskörper, dessen Trägheitsmoment J beträgt, von einem Drehmoment $M = Fr$ zur Rotation angetrieben wird, kann die Winkelgeschwindigkeit des Körpers maximal ω erreichen:

$$M = Fr = J\omega^2 \, .$$

Das Trägheits-Drehmoment unterliegt zudem der gleichen Regel wie die Verharrungskraft, die ein größeres angreifendes Trägheits-Drehmoment benötigt, um die Rotationsgeschwindigkeit ändern zu können. Prinzipiell handelt es sich bei der Masse dieses angreifenden Drehmoments immer um dieselbe Masse des Körpers.

Das Trägheits-Drehmoment kann auch als Vektor bezeichnet werden, dessen Richtung immer dem angreifenden Drehmoments-Vektor entgegen gerichtet ist, egal ob es sich dabei um eine Bremsung oder eine Beschleunigung handelt. Gemäß der üblichen Rechte-Faust-Regel heißt es, dass der gestreckte Daumen gegen die Richtung des angreifenden Drehmoments zeigt und die gekrümmten Finger sich gegen die angreifende Kraft richten.

$$*\quad*\quad*$$

Wie wir schon wissen, entzieht sich ein mit 7,91 *km/s* bewegter Körper der Gravitation der Erde vollständig, egal ob es sich um eine geradlinig oder eine gekrümmte Bahn handelt. Auch ein ringförmiger Körper, der mit 7,91 *km/s* rotiert, entzieht sich der Gravitation vollständig. Und eine rotierende homogene Scheibe, die als ein aus vielen Ringen bestehender Körper betrachtet wird, kann sich der Erdgravitation vollständig entziehen, wenn sie schnell genug rotiert, damit ihre Trägheit gleich der Erdgravitation ist:

$$f_\otimes = \sum \Delta m a_\otimes = \int_0^{r_0} 2\pi b r \rho \frac{(r\omega)^2}{R} \, dr = m \frac{v^2}{2R} = mg \; .$$

(R: Erdradius, r: Ringradius, r_0: Scheibenradius,
$\Delta m = 2\pi r b \rho \Delta r$: Ringmasse, m: Scheibenmasse,
ρ: Massendichte, b: Scheibendicke)

Daraus ergibt sich

$$v = \sqrt{2gR} = \sqrt{2 \times 9{,}81 \times 6{,}3675 \times 10^6} = 11{,}2 \, km/s \; .$$

Abb. I-2a-03.

Eine sich mit 11,2 km/s drehende Scheibe kann in den Himmel schweben wie ein UFO.

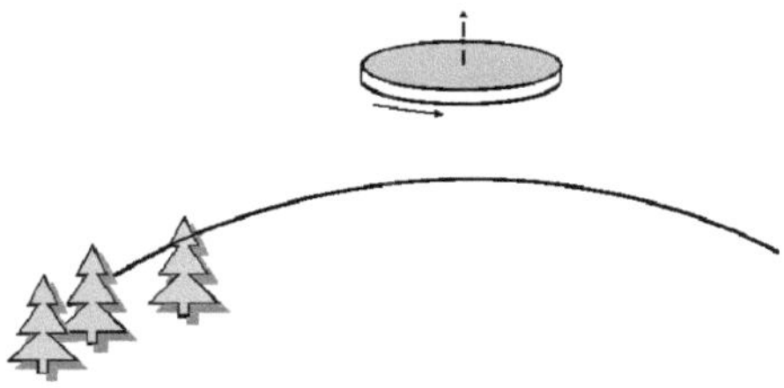

Also kann eine mit 11,2 *km/s* rotierende homogene Scheibe im Himmel schweben wie ein UFO, als ob die Erdgravitation abgeschirmt würde (s. Bild I-2a-03).

I. 2b
Verharrung der Achsrichtung

Dass ein rotierender Körper in seiner Achsrichtung verharrt, wissen wir schon längst. Diese Eigenschaft wird bereits vielseitig verwendet. Jedoch kann sein mysteriöses Verhalten bis heute nicht enträtselt und ebenso nicht geklärt werden, wie sie entstanden ist und wie stark diese Verharrungskraft sein soll. Nun lässt sie sich durch ein Trägheits-Drehmoment leicht erklären und berechnen.

Wir haben soeben geklärt, dass ein Rotationskörper ein Trägheits-Drehmoment besitzt, um sich dem angreifenden Außendrehmoment zu widersetzen, das eine Änderung der Rotationsgeschwindigkeit erzwingt. Wie ein bewegter Körper mit seiner Trägheitskraft in allen seinen Zuständen verharrt, verteidigt auch ein Rotationskörper mit seinem Trägheits-Drehmoment alle seine Zustände, darunter auch denjenigen seiner Achsrichtung.

Wir nehmen wieder die Punktmasse P im obigen Beispiel (s. Abb. I-2a-01). Deren Trägheitskraft widersetzt sich nicht nur der Außenkraft, die in tangentialer Richtung einwirkt, sondern auch derjenigen, die senkrecht auf die Scheibenebene einwirkt, damit die Scheibe dort verharrt und mit ihr auch die Richtung der Achse. Diese Trägheitskraft ist gleich

$$\Delta f_\otimes = \Delta m v_r^2 / r \,.$$

Sie entspricht auch einem Drehmoment des Punkts P:

$$\Delta m_\otimes = \Delta f_\otimes r = \Delta m v_r^2 \,.$$

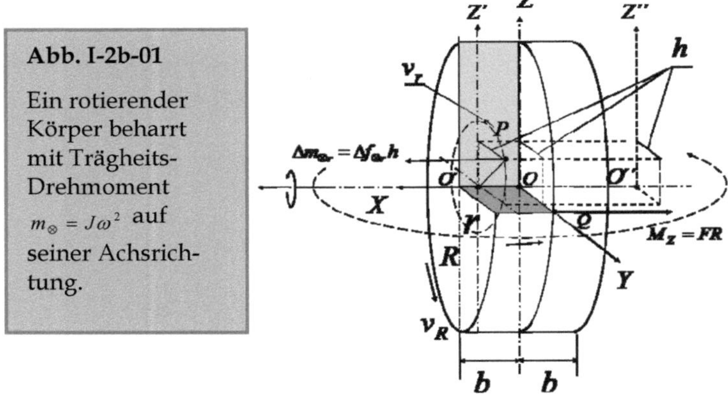

Abb. I-2b-01

Ein rotierender Körper beharrt mit Trägheits-Drehmoment $m_\otimes = J\omega^2$ auf seiner Achsrichtung.

Wir betrachten eine Z-Achse, die senkrecht zur X-Achse steht und in der Mitte der Scheibendicke verläuft (s. Abb. I-2b-01). Weil das Trägheits-Drehmoment jeder Punktmasse in Bezug auf die Z-Achse unterschiedlich ist, beträgt jedes Trägheits-Drehmoment eines Massepunkts um Z-Achse

$$\Delta m_{\otimes r} = \Delta f_{\otimes r} h = \Delta m v_r^2 h / h = \Delta m v_r^2 \,.$$

(h: Armlänge des Trägheits-Drehmoments,

v_r: Geschwindigkeit des Punkts P mit Radius r,

m: Masse des Pünktchens)

Das gesamte Trägheits-Drehmoment um die Z-Achse ist gleich dem Drehmoment, mit dem der Körper in seiner X-Achse verharrt. Die Summe aller Teilträgheits-Drehmomente ist wiederum die folgende:

$$m_{\otimes} = \sum \Delta m_{\otimes r} = \sum \Delta m v_r^2 = \frac{2\rho v_R^2}{R^2} \int_{-b}^{b} dx \int_{0}^{\pi} d\theta \int_{0}^{R} y^3 \, dy \, .$$

($\Delta m = \rho \Delta s \Delta x \Delta y = \rho y \Delta \theta \Delta x \Delta y$, $v_r = v_R r / R$,

ρ: Dichte der Masse)

Durch Lösung dieser Gleichung erhalten wir das Trägheits-Drehmoment, mit dem es in ihrer Achsrichtung verharrt:

$$m_{\otimes} = (2b\rho R^2 \pi) \tfrac{1}{2} v_R^2 = \tfrac{1}{2} m v_R^2 = J\omega^2 \, . \qquad \text{(Gl. I-2b-1)}$$

($J = \tfrac{1}{2} m R^2$: Trägheitsmoment für die Scheibe)

Dieses ist ebenso stark wie das andere Trägheits-Drehmoment (Gl. I-2a-1), mit dem der Körper in seiner Rotationsgeschwindigkeit verharrt. Die Vektorrichtungen der beiden Trägheits-Drehmomente stehen orthogonal zueinander. Mit diesen zwei orthogonalen Trägheits-Drehmomenten verteidigt der Körper seine Rotationszustände gegen die von außen einwirkenden Drehmomente: die Rotationsgeschwindigkeit und die Achsrichtung.

In Abb. I-2b-01 ist zu erkennen: Wenn sich der Auflagepunkt des Außendrehmoments von Punkt O auf O' oder O'' geändert hat, bleibt die Armlänge h des Trägheits-Drehmoments unverändert. Das heißt, dass der Auflagepunkt des angreifenden Außendrehmoments auf der X-Achse frei wählbar ist. Dabei bleibt die Stärke des Trägheits-Drehmoments unverändert.

Um also die Achse eines rotierenden Rotationskörpers zu kippen, wird ein Drehmoment $M_{(Z)}$ benötigt, das größer als das Trägheits-Drehmoment dieses Körpers sein muss:

$$M_{(Z)} > m_{\otimes} = J\omega^2 \, .$$

I. 2c
Das Gyroskop

Wie soeben festgestellt, ist der Auflagepunkt eines Drehmoments, das eine Änderung der Achsrichtung eines Rotationskörpers erzwingt, frei wählbar. Um das zu erklären, nehmen wir als Beispiel ein Gyroskop aus einem scheibenförmigen Körper. Dabei wird seine Achse als masselos betrachtet (s. Abb. I-2c-01).

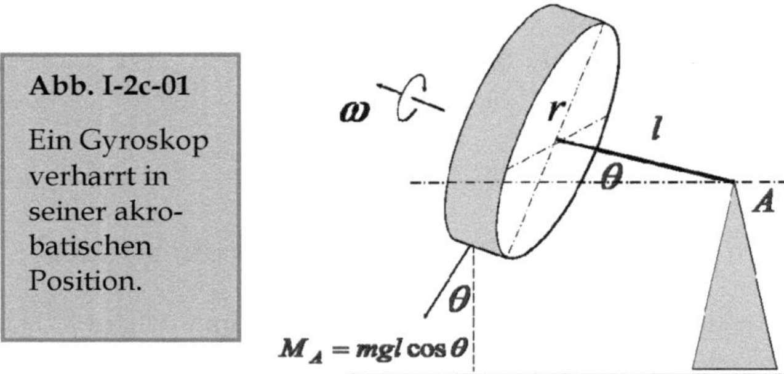

Ein Gyroskop ist ein um seine etwas längere Achse rotierender Körper. Wenn er schnell genug rotiert, kann sich sein ganzer Körper mit dem Endpunkt seiner Achse auf einem einzigen Stützpunkt behaupten.

Wie im Abbild illustriert, stützt sich der Körper auf den Auflagepunkt A, wodurch ein Drehmoment entsteht, das den Körper dazu zwingt, sich nach unten zu bewegen:

$$M_{(A)} = mgl\cos\theta .$$

Rotiert das Gyroskop mit einer Winkelgeschwindigkeit ω, ist sein Trägheits-Drehmoment gleich

$$m_{\otimes} = J\omega^2 .$$

Das heißt: Solange das Trägheits-Drehmoment $m_{\otimes}$ des Körpers nicht kleiner als das angreifende Drehmoment $M_{(A)}$ ist, kann ein Gyroskop sich auf einer akrobatischen Position behaupten. Also lautet die Bedingung für die Behauptung der Achsrichtung

$$m_{\otimes} \geq M_{(A)}\,.$$

Hier gilt selbstverständlich auch das Prinzip, dass das Trägheits-Drehmoment immer genauso stark wie das des angreifenden Drehmoments ist. Wenn die Geschwindigkeit groß genug ist, kann das Trägheits-Drehmoment in allen Fällen größer als das angreifende Drehmoment sein. Dann kann das Gyroskop auf allen Positionen, unabhängig vom Winkel θ, stabilisiert werden. Aber das Maximum des Trägheits-Drehmoments beträgt wie immer:

$$m_{\otimes} = J\omega^2\,.$$

I. 2d
Umkippung der Kraftrichtung

Das Gyroskop hat ein noch mysteriöseres Verhalten:

Wenn wir die Achsrichtung eines Gyroskops mit einem Drehmoment M, das kleiner als sein Trägheits-Drehmoment ist, zu kippen versuchen, wird die Achse statt in die zu erwartende in eine andere Richtung gekippt. Wie in der Abbildung (Abb. I-2d-01) gezeigt, reagiert der Körper, wenn man ihn zum Beispiel entgegen der Uhrzeigerrichtung um die Z-Achse zu drehen versucht (in die Kurvenpfeilrichtung), statt in dieser Richtung um Z-Achse zu drehen, was eigentlich hätte passieren sollen, mit einer Umkippung der X-Achse nach oben (wie die kurzen Pfeile).

Wie gesagt, benötigt man, um die Achsrichtung eines Gyroskops zu kippen, ein Drehmoment, das größer als dessen Trägheits-Drehmoment sein muss. Aber wenn ein angreifendes Drehmoment zu klein ist, hätte es eigentlich nicht geändert werden. Warum reagiert es mit einer Umkippung in die andere Richtung?

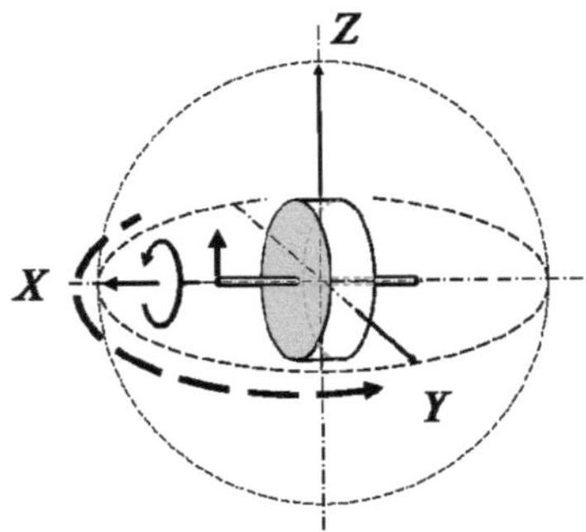

Abb. I-2d-01

Wenn man die Rotationsachse eines Gyroskops in waagrechter Ebene zu ändern versucht, kippt die X-Achse senkrecht nach oben.

Um diese Frage zu beantworten, übertragen wir dieses Beispiel des scheibenförmigen Gyroskops analog zu einem Kugel-Gyroskop wie das von Abb. I-2d-02.

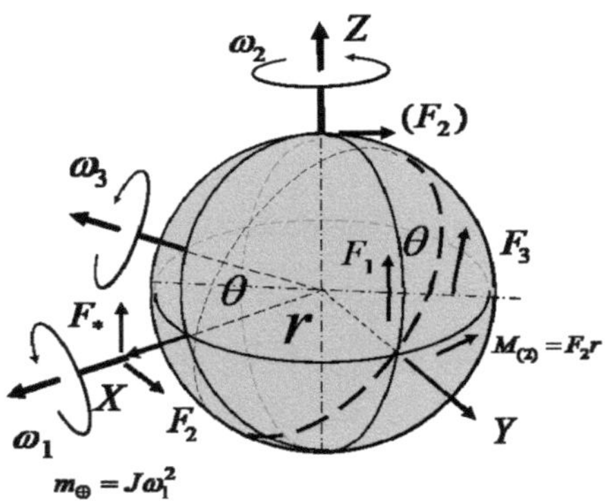

Abb. I-2d-02

Die Richtung einer einwirkenden Kraft kann durch einen natürlichen Mechanismus umgekippt werden.

Angenommen die Kugel rotiert mit einer Winkelgeschwindigkeit ω_1 um die X-Achse (mit schwarzen Pfeilen gezeichnet). Wenn man versucht, mit einer Kraft F_2 um die X-Achse im gegenuhrzeigsinn zu kippen (bzw. mit einem Drehmoment $M_2 = F_2 r$), verharrt die Kugel mit seinem Trägheits-Drehmoment $m_\otimes = J\omega_1^2$ dagegen. Die X-Achse wird nicht wie gewünscht gekippt, wenn M_2 nicht größer als $m_\otimes$ ist. Aber M_2 verursacht eine Drehung ω_2 um die Z-Achse, wie in Abb. I-2d-02 eingezeichnet ist. Dann überlagern sich ω_1 und ω_2 zu einer Drehung ω_3, deren Achse zwischen der X- und der Z-Achse liegt. Wenn es für das Gyroskop nur möglich ist, sich um die X-Achse zu drehen, wird diese X-Achse nach oben gekippt.

Betrachten wir die Winkelgeschwindigkeit ω_1 als Resultat der Beschleunigung eines Drehmoments $M_1 = F_1 r$. Da die Winkelgeschwindigkeit ω_3 aus ω_1 und ω_2 resultiert, wird die X- zur ω_3-Achse nach oben gekippt um einen Winkel von

$$\theta = \arctan(F_2 / F_1).$$

Diese Umkippung verhält sich genau so, als ob die X-Achse von einer Kraft F_* etwa um einen Winkel θ nach oben gezogen würde. Deren Stärke wäre gleich

$$F_* = F_1 \tan\theta = F_2.$$

Betrachten wir diesen Vorgang als reibungslos, ist die Kraft F_2 ohne Kraftverlust um 90° gekippt. Diesen Effekt nennen wir „Kraft-Umkippung".

Erstaunlich ist, dass, wenn man mit gleicher Kraft F_2 die X-Achse nach oben zu kippen versucht, dies wegen der Verharrung des Trägheits-Drehmoments nicht gelingen wird. Das heißt, die X-Achse nach oben zu kippen, ist nicht mit Gewalt zu lösen. Daher verwendet die Natur hier einen Trick wie durch eine Hintertür. Denn die Trägheit tritt immer nur auf, wenn eine Außenkraft hinzukommt. Wenn eine Außenkraft waagrecht einwirkt, erhält die Bewegung der X-Achse nach oben keinen Widerstand durch Trägheits-Drehmomente und ermöglicht es, dieses Manöver durchzuführen.

Dieser Effekt veranschaulicht uns ein Phänomen: Wenn eine Kraft auf einen unüberwindbaren Widerstand stößt, wird ihre Richtung umkippen. Diese Erscheinung sieht ziemlich mysteriös aus, ist aber mit einem einfachen Beispiel zu erklären:

Wenn das Wasser in einem Behälter nach unten nicht durchfließen kann, wird die dorthin gerichtete Kraftrichtung um 90° nach rechts gekippt, wo es einen Ausweg gibt, um das Wasser durch ein Loch an den Seiten herauszulassen. Also ist die von oben kommende Druckrichtung nach rechts umgekippt (s. Abb. I-2d-03). Die Drücke in seitlicher und senkrechter Richtung auf gleicher Höhe haben ebenfalls die gleiche Stärke.

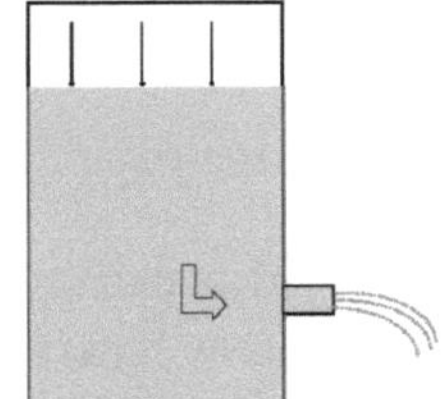

Abb. I-2d-03

Die Richtung des Wasserdruckes hat sich um 90° gedreht.

Dass die Richtung einer Kraft sich ändern kann, wenn diese einen Widerstand anstößt, nehmen wir zu Kenntnis. Wie dieses Phänomen in der Natur vorkommt, werden wir erst noch erfahren.

Die Kipprichtung der Achse eines Gyroskops kann bestimmt werden, indem man etwa einen Kugelschreiber als die Achse zwischen den gekrümmten Fingern hält und den Daumen nach oben streckt. Der Kugelschreiber zeigt die Richtung des Drehmoments. Wenn man die Achse in der von gekrümmten Fingern gezeigten Richtung zu drehen versucht, kippt diese in der vom Daumen gezeigten Richtung nach oben um (s. Abb. I-2d-04).

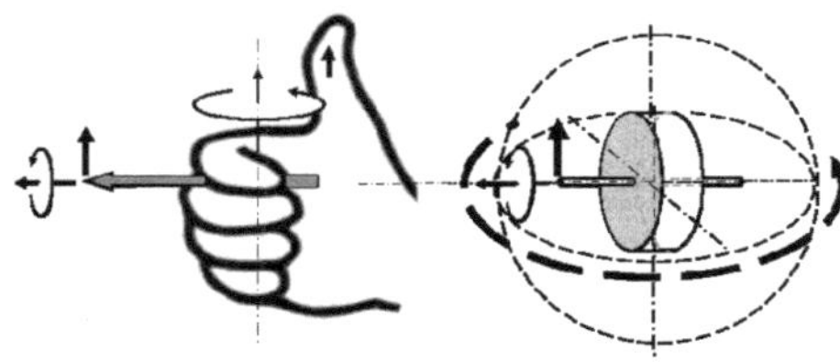

Abb. I-2d-04

So kann die Umkippung der Achse eines Gyroskops bestimmt werden.

I. 2e
Die Präzession

Wenn ein Gyroskop in so einer Position steht, wie in Abb. I-2e-01 gezeigt, wird das von Gravitation erzeugte Drehmoment $M_{(A)}$, das das Gyroskop nach unten zwingt, vom Trägheits-Drehmoment $m_\otimes$ kompensiert. In dieser Situation kann beobachtet werden, dass der ganze Körper jetzt um den Punkt A kreist, das ist die sogenannte Präzessionsbewegung.

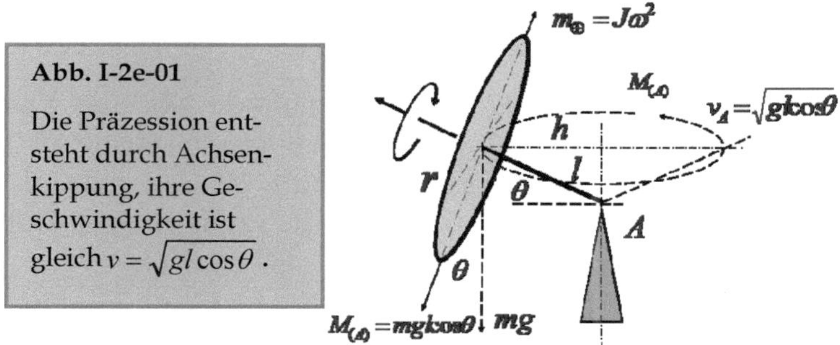

Abb. I-2e-01

Die Präzession entsteht durch Achsenkippung, ihre Geschwindigkeit ist gleich $v = \sqrt{gl\cos\theta}$.

Der Grund liegt darin, dass auf dieser Position des Außendrehmoments es nicht gelingen kann, um die X-Achse nach unten zu kippen. Dadurch wird die Richtung der angreifenden Kraft ($F = mg\cos\theta$) aber gemäß der Regel der Kraft-Umkippung (s. Abb. I-2d-04) waagrecht gesenkt. Dann treibt die Kraft F den Körper waagrecht gegen den Uhrzeigersinn dazu an, Punkt A zu umlaufen. Die Geschwindigkeit des Umlaufens müsste sich wie folgt verhalten:

$$v = \sqrt{ar} = \sqrt{gl\cos\theta}\,.$$

Also hängt die Geschwindigkeit der Präzessionsbewegung u. a. auch von der Position des Gyroskops bzw. vom Winkel θ ab.

I. 3

Verallgemeinerung der Newtonschen Gesetze

Das erste Newtonsche Gesetz besagt:

„Ein Körper verharrt im Zustand der Ruhe oder der gleichförmigen und geradlinigen Bewegung, sofern er nicht durch einwirkende Kräfte zur Änderung seines Zustands gezwungen wird."

Betrachten wir die Newtonsche Gerade als eine Kurve mit unendlichem Radius und die Newtonsche Ruhe als Bewegung mit der Geschwindigkeit null, ist das erste Newtonsche Gesetz nur ein Spezialfall der Trägheitsregel. Daher kann es auch so formuliert werden:

Ein Körper verharrt mit seiner Trägheit $f_\otimes$ in allen seinen Zuständen: Geschwindigkeit, Abstand und Position.

Die Trägheitskraft, mit der ein Körper in seinen Zuständen verharrt, ist proportional zum Quadrat der Geschwindigkeit und antiproportional zum Radius $r_\otimes$ – oder als Formel:

$$f_\otimes = mv^2 / r_\otimes .$$

Das Quadrat der Geschwindigkeit ist gleich dem Trägheits-Dremoments:

$$mv^2 = ma_\otimes r_\otimes = f_\otimes r_\otimes = m_\otimes .$$

Dann kann der Impuls im Allgemeinen wie folgt dargestellt werden:

$$P = mv = m\sqrt{a_\otimes r_\otimes} .$$

Diese Geschwindigkeit v ist hier im Allgemeinen eine Kurvengeschwindigkeit, und die daraus entstandene Trägheit hängt von Radius $r_\otimes$ ab. Dies deutet darauf hin, dass der durch den Impuls entstandene physikalische Effekt bei unterschiedlichem $r_\otimes$ verschieden sein kann. Also ist Geschwindigkeit nicht immer gleich Geschwindigkeit. Somit kann der Impulserhaltungssatz infrage gestellt werden. Man beweist gern die Impulserhaltung mit dem Newtonpendel (linkes Bild in der Abb. I-3-01), in dem die Kugeln gegen einander stoßen. Wir können aber auch mit einem ähnlichen Gerät, bei dem die Kugeln an unterschiedlich langen Fäden hängen (rechts Bild in der Abb. I-3-01), genau das Gegenteil beweisen: dass sich der Impuls eben nicht erhält.

Also stimmt der Impulserhaltungssatz im Allgemeinen nicht.

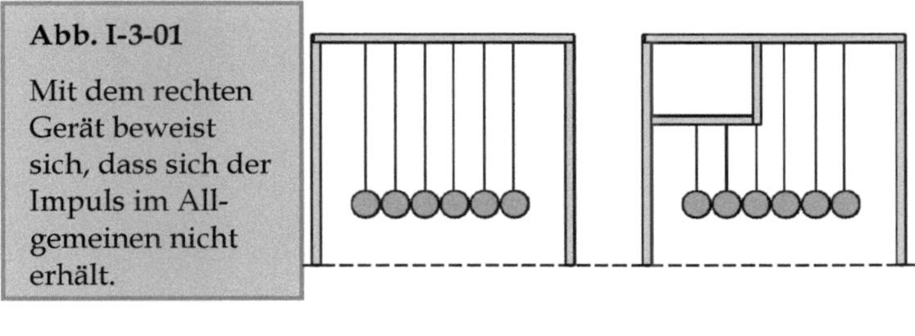

Abb. I-3-01

Mit dem rechten Gerät beweist sich, dass sich der Impuls im Allgemeinen nicht erhält.

* * *

Das zweite Newtonsche Gesetz besagt:

„Durch einwirkende Kräfte erfährt ein Körper eine Beschleunigung, die der Kraft proportional ist und deren Richtung besitzt.“

Dieses Gesetz wird erst vollständig sein, wenn die Verharrungseigenschaft des Massekörpers in ihm integriert ist. Also ergänzen wir diesen Satz mit der Trägheitsbeschleunigung, dass eine mit Geschwindigkeit v bewegte Masse im Allgemeinen eine Widerstandesbeschleunigung besitzt, die proportional zum Quadrat der Geschwindigkeit und antiproportional zum Radius ist:

$$a_\otimes = v^2 / r_\otimes \ .$$

Dann kann der 2. Newtonsche Satz wie folgt ergänzt werden:

Durch einwirkende Kräfte erfährt ein Körper eine Beschleunigung, die der Kraft proportional ist und deren Richtung besitzt, und er widersetzt sich diesen Kräften immer mit einer Trägheitsbeschleunigung $a_\otimes$. Als Formel:

$$F = m(a - a_\otimes) = m(a - v^2 / r_\otimes).$$

Wenn der Radius $r_\otimes$ unendlich ist, bewegt sich der Körper geradlinig und die Trägheit ist gleich null. Dann ist das 2. Newtonsche Gesetz wieder in seiner Urform vorhanden:

$$F = ma.$$

Weil die Geschwindigkeit des Körpers durch Trägheitswiderstand nicht immer weiter steigen kann, ist die uns vertraute differenziale Formel der Beschleunigung

$$da = \frac{dv}{dt}$$

nur bedingt gültig, wenn die Geschwindigkeit des beschleunigten Körpers von seiner maximalen Geschwindigkeit weiter entfernt ist.

In Allgemeinen gilt nur:

$$\frac{dv}{dt} = a - v^2 / r_\otimes.$$

Bei der Geschwindigkeit, die nahe an ihrem Maximum liegt, gilt einfach nur:

$$a = v^2 / r.$$

*　*　*

Das 3. Newtonsche Gesetz besagt:

„Kräfte treten immer paarweise auf. Übt ein Körper A auf einen anderen Körper B eine Kraft aus, so wirkt eine gleich große, aber entgegen gerichtete Kraft von Körper B auf Körper A."

Dieses Gesetz ist – unserer Meinung nach – eigentlich nur im Bereich der Statik gültig.

Daher sollte es insbesondere bei Dynamik und Kinematik durch Trägheit ergänzt werden:

Der bewegte Körper stellt sich der einwirkenden Außenkraft immer mit einer gleich großen Kraft entgegen. Diese beträgt maximal

$$f_\oplus = mv^2 / r_\otimes.$$

Kurzum: Wird die Trägheitskraft in die Newtonschen Gesetze integriert, die eigentlich nur Momentaufnahmen und spezielle Fälle der Bewegung beschreiben, werden die Newtonschen Gesetze im Hinblick auf die Bewegungsprozesse vervollständigt und verallgemeinert.

* * *

Die Kenntnis der Trägheit ist allein aus Newtons einzigem berühmten Satz *„Der Körper verharrt in seinem Zustand ...“* hergeleitet. Hatte Newton nicht dadurch schon klar darauf hingewiesen, dass es so sein muss, wie wir es beschrieben haben?

Es sieht so aus, als ob Newton dieses kleine Detail seiner Axiome absichtlich für sich behalten hätte, um zu sehen, ob seine Anhänger klug genug sind, dies erkennen zu können. Leider müsste er über 300 Jahre lang stinksauer darüber und enttäuscht gewesen sein.

II. Teil

Rotation durch Gravitation

II-1

Das rotierende Gravitationsfeld

II. 1a
Die Kraft des Gravitationsfeldes

Die Raumfahrtindustrie verwendet eine Methode, Swing-by genannt, um eine Sonde unterwegs zu einem weiter entfernten Ziel zu beschleunigen, indem man sie nahe an einem massestarken Körper, zum Beispiel einem Planeten, entlang dessen Drehrichtung vorbei (oder mehrere Male um diesen herum) fliegen lässt. (s. Bild I-1a-01, linker Pfeil)

Abb. II-1a-01

Die Geschwindigkeit einer vorbei fliegenden Sonde wird von dem sich drehenden Gravitationsfeld eines Planeten beschleunigt bzw. gebremst.

Man sagt, dieser Effekt sei allein durch die Anziehungskraft des Planeten entstanden. Das stimmt nicht ganz. Denn die von der Anziehungskraft erzeugte höhere Geschwindigkeit geht wieder verloren, wenn die Sonde sich wieder vom Planeten entfernt.

Wir wissen auch: Wenn man die Geschwindigkeit einer Sonde drosseln möchte, muss man sie an der anderen Seite des Planeten, d. h. entgegen dessen Drehrichtung, vorbeifliegen lassen (s. Abb. II-1a-01, rechter Pfeil). Die Schlussfolgerung lautet eindeutig, dass zumindest ein Teil dieses Effekts dadurch belegt ist, dass der Planet sich dreht. Aber was gilt für einen rotierenden Körper?

Wenn ein Massekörper sich dreht, dreht sich natürlich auch sein Gravitationsfeld, was wir als rotierendes Gravitationsfeld bezeichnen. Und wenn ein Planet mit seiner Anziehungskraft etwa eine Sonde an sich herangezogen hat und sich gleichzeitig dreht, wird diese in der Rotationsrichtung beschleunigt. Das ist wie ein Elektromotor, dessen Ständer ein drehendes magnetisches Feld generiert, mit dem der Läufer angetrieben wird. In gleicher Weise treibt das rotierende Gravitationsfeld des Planeten die vorbeifliegende Sonde an, wenn diese in Richtung der Drehung des Planeten fliegt. Sie wird gebremst, wenn sie sich in die entgegengesetzte Richtung bewegt. Wir bezeichnen dies als „Drehmotor-Effekt".

Die Anziehungskraft des Planeten zur Sonde ist, wie wir wissen,

$$F = mg = mMG / R^2 .$$

(R: Abstand zwischen zwei Körpern,
M, m: Masse des Planeten und der Sonde,
g: Beschleunigung des Planeten,
G: Gravitationskonstante)

Mit dieser Kraft hält der Planet die Sonde fest. Wenn er sich dreht, wird die Sonde auch von dieser Kraft in tangentialer Richtung beschleunigt. Also treibt der Planet die vorbeifliegende Sonde mit der Gravitationsfeldkraft voran, welche die gleiche Stärke wie seine Gravitationskraft besitzt. Wir bezeichnen die Gravitationsfeldkraft bei Bedarf mit g_*, um sie von der Gravitationskraft g zu unterscheiden. Also besitzen sie die gleiche Stärke:

$$g_* = g = MG / R^2 .$$

Der Unterschied zwischen Gravitation und Gravitationsfeld liegt nur darin, dass die Gravitation einen anderen Körper in Radialrichtung nach sich zieht, während das Gravitationsfeld diesen anderen in tangentialer Richtung antreibt.

Nach Gleichung Gl. I-1c-3 wissen wir, dass die Geschwindigkeit eines von a beschleunigten Körpers beschränkt wird auf maximal

$$v = \sqrt{ar}\,.$$

Also kann mit dem Gravitationsfeld eines Körpers die Geschwindigkeit eines angetriebenen Körpers beschleunigt werden auf

$$v = \sqrt{g_* R} = \sqrt{MG/R}\,.$$

Mit dieser Geschwindigkeit entsteht eine zentrifugale Beschleunigung des angetriebenen Körpers von

$$a_Z = v^2/R = MG/R^2\,.$$

Diese gleicht sich mit der Gravitation des antreibenden Körpers genau aus

$$a_Z = g = MG/R^2\,.$$

Dies bedeutet, dass die Geschwindigkeit eines angetriebenen Körpers vom Gravitationsfeld des antreibenden genau auf diese Geschwindigkeit beschleunigt wird. Die dadurch entstehende zentrifugale Kraft des angetriebenen Körpers gleicht genau diejenige der Gravitation des antreibenden aus. Also wird der angetriebene Körper genau auf die Geschwindigkeit beschleunigt, die er benötigt, um ewig um den Antreibende Körper laufen zu können. Wir nennen dies die Orbitalgeschwindigkeit, die mit v_{Orb} bezeichnet wird:

$$v_{Orb} = \sqrt{MG/R}\,. \qquad \text{(Gl. II-1a-1.)}$$

An diesem Ergebnis sehen wir, dass die Geschwindigkeit eines angetriebenen Körpers von dessen Masse grundsätzlich unabhängig ist. Das ist eigentlich schon klar, weil die Kraft des Gravitationsfeldes identisch mit derjenigen der Gravitation ist. Wir kennen doch die Geschichte von „Feder und Hammer": Im frei Fall landen die Feder und der Hammer gleichzeitig auf dem Boden. Dadurch wird bewiesen, dass die Geschwindigkeit eines Körpers durch Gravitation von seiner Masse unabhängig ist. Dies gilt natürlich auch für das Gravitationsfeld.

Dieser Umstand deutet darauf hin, dass alle Planeten im Sonnensystem von Gravitationsfeld der Sonne angetrieben werden. Damit löst sich auch von selbst das Rätsel, warum ein Planet sich umso schneller um die Sonne bewegt, je näher er sich an dieser befindet. Dabei erspart der Raum sich ein abenteuerliches Manöver, nämlich zu verkrümmen.

Außerdem können wir uns vorstellen, dass die Laufbahn eines Planeten um die Sonne gänzlich rund sein müsste, sofern er nicht von anderen Kräften gestört würde oder wenn es nur einen einzigen Planeten gäbe.

II. 1b
Mögliche Umlaufbahn eines Satelliten

Wir haben gesehen, dass das Umlaufen des Planeten durch das Gravitationsfeld der Sonne verursacht wird. Es gibt aber eine Bedingung: Die Sonne muss rotieren und ihre Winkelgeschwindigkeit mindestens so schnell wie die des umlaufenden Planeten sein, weil die Geschwindigkeit eines angetriebenen Körper diejenige des antreibenden nicht übersteigen kann. So kann zum Beispiel die Geschwindigkeit eines Anhängers nicht höher als die seines antreibenden Traktors sein. Das heißt, auch die Beschleunigung bzw. die Kraft hat eine eigene Verbreitungsgeschwindigkeit, von der auch die Geschwindigkeit eines angetriebenen Körpers beschränkt wird.

Angenommen, es dreht sich ein zentraler Körper mit einer Rotationswinkelgeschwindigkeit ω. Dann ist die Geschwindigkeit seines Satelliten beschränkt auf

$$v = \sqrt{MG/R} \le \omega R \,.$$

Daraus ergibt sich ein Mindestradius der Satellitenbahn von

$$R_0 = \sqrt[3]{MG/\omega^2} \, . \qquad\qquad \text{(Gl. II-1b-1)}$$

(M: Masse des Zentralkörpers,
  G: Gravitationskonstante,
  ω: Rotationswinkelgeschwindigkeit des Zentralkörpers,
  R_0: Mindest-Umlaufbahnradius des Satelliten)

Auf dieser kleinsten Satellitenbahn kreist der Satellit mit einer Winkelgeschwindigkeit, die gleich der Rotation des zentralen Körpers, also eines geostationären Orbits, ist. Das heißt, dass der geostationäre Orbit die kleinste Laufbahn eines natürlichen Satelliten besitzt und nur von der Kraft des Gravitationsfeldes des Zentralkörpers angetrieben wird. Dieser Effekt ereignet sich unter der Annahme, dass der Zentralkörper ein starrer Körper ist. (Ein anderer Fall wird später erklärt.)

Die Abb. II-1b-01 zeigt die möglichen, von einem Zentralkörper angetriebenen Umlaufsgeschwindigkeiten eines Satelliten unter dem Radius R.

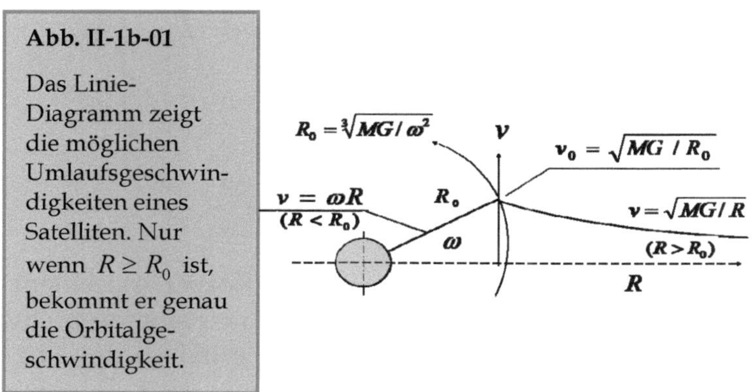

Wenn $R < R_0$ ist, kann die Geschwindigkeit eines Satelliten nicht auf seine nötige Orbitalgeschwindigkeit beschleunigt werden. Und da die daraus entstehende zentrifugale

Kraft des Satelliten der Gravitation des Zentralkörpers nicht mehr standhalten kann, wird der Satellit langsam abstürzen.

Die Geschwindigkeit einer an einem massiven Planeten vorbei fliegenden Sonde kann nur dann vom Gravitationsfeld beschleunigt werden, wenn

1. die tangentiale Geschwindigkeit der Sonde um den Planeten noch kleiner als die Orbitalgeschwindigkeit ist.

2. die Rotationswinkelgeschwindigkeit des Planeten groß genug ist, damit die Sonde auf ihre Orbitalgeschwindigkeit beschleunigt werden kann. Die Sode kann dabei nur in der Rotationsrichtung beschleunigt werden, in der umgekehrten Richtung wird sie hingegen gebremst.

$$* \quad * \quad *$$

Auch ein frei fallender Körper wird von einem rotierenden Gravitationsfeld in tangentialer Richtung beschleunigt.

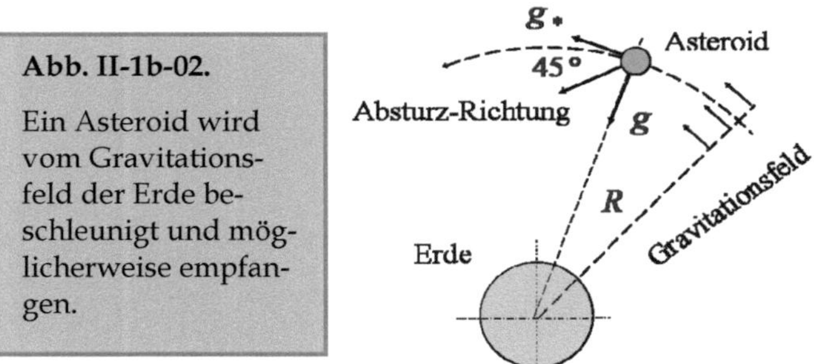

Abb. II-1b-02.

Ein Asteroid wird vom Gravitationsfeld der Erde beschleunigt und möglicherweise empfangen.

Angenommen, es bewegt sich ein Körper mit einem gewissen Abstand zur Erde. Wenn er ohne Anfangsgeschwindigkeit frei fällt, wird er von der Gravitation der Erde in radialer Richtung angezogen, gleichzeitig wird er auch vom rotierenden Gravitationsfeld in tangentialer Richtung angetrieben. Da diese zwei Kräfte gleich groß sind, bewegt sich der frei fallende Körper am Anfang in einer 45°-Richtung nach unten (s. Abb. II-1b-02). Dadurch werden die Geschwindigkeiten, sowohl senkrecht zur Erde als auch waagrecht um die Erde, immer größer, und es entsteht durch die immer größer gewordene tangentiale Geschwindigkeit eine zentrifugale Beschleunigung. Dadurch wird die Gravitation immer mehr kompensiert. Wenn es gelingt, diejenige der Erde vollständig auszugleichen, d. h., wenn die tangentiale Geschwindigkeit so groß wie die Orbitalgeschwindigkeit geworden ist, dann läuft er mit dieser Geschwindigkeit um die Erde und ist somit zu deren Mond geworden. Er wird also von der Erde gehalten und eine Kollision ist vermieden worden. Daher schützt das rotierende Gravitationsfeld in gewissem Maße die Erde vor Einschlägen aus dem All.

II. 1c
Widerstand des Gravitationsfeldes

Ein Satellit kann folglich von dem Gravitationsfeld seines Zentralkörpers maximal auf seine Orbitgeschwindigkeit beschleunigt werden. Was aber passiert, wenn eine Sonde an dem Planeten mit einer Geschwindigkeit vorbeifliegt, die schon über seiner Orbitalgeschwindigkeit liegt? Dann wird er vom Gravitationsfeld gebremst. Das ist wie bei einem Schiff, das sich auf einem Fluss befindet. Es wird vom fließenden Wasser mitgetragen und kann sich ohne eigene Kraft theoretisch fast so schnell wie das Wasser bewegen. Wenn man schneller als das Wasser fahren möchte, muss man Gas geben. Wenn das Schiff wieder auf Leergang fährt, wird es immer langsamer, bis es erneut so schnell wie das Wasser ist.

Ähnlich verhält es sich bei einem Satelliten im Gravitationsfeld. Die Geschwindigkeit des Gravitationsfeldes außerhalb des geostationären Orbits ist größer als die der Orbitalgeschwindigkeit, trotzdem kann ein Satellit maximal auf Orbitalgeschwindigkeit beschleunigt werden. Wenn der Satellit schneller fliegen möchte, muss etwa eine zusätzliche

Kraft hinzugefügt werden. Wenn diese wieder verschwindet, wird seine Geschwindigkeit vom Gravitationsfeld gebremst und er gelangt erneut zur Orbitalgeschwindigkeit.

Wenn ein Satellit schneller als die Orbitalgeschwindigkeit fliegt, obwohl er eine größere Zentrifugalkraft als die Gravitation des Zentralkörpers hätte erzeugen können, bleibt seine Trägheitskraft so groß wie die Gravitation (die Trägheitskraft ist immer gleich der einwirkenden Außenkraft). Die Geschwindigkeit, in der eine Trägheit maximal verharren kann, ist die Orbitalgeschwindigkeit. Die Geschwindigkeit, die darüber hinausgeht, kann von der Trägheit nicht gewährleistet werden. Der Körper wird dem Gravitationsfeld schutzlos ausgeliefert und dadurch gebremst.

Das ist auch ganz logisch, denn wenn ein Körper von einem rotierenden Gravitationsfeld eines anderen Körpers beschleunigt werden kann, müsste er auch von einem nicht oder langsam rotierenden Gravitationsfeld gebremst werden, wenn er dieses durchquert.

Bei der Trägheitsgleichung ($v = \sqrt{ar + (v_0^2 - ar)e^{-2(\theta-\theta_0)}}$, Gl. I-1c-2) sind wir schon der Frage begegnet, warum die Anfangsgeschwindigkeit v_0 gebremst wird, wenn sie schneller als die Zielgeschwindigkeit $v = \sqrt{ar}$ ist. Jetzt wurde diese Frage durch den Bremsungseffekt des Gravitationsfeldes beantwortet.

Wir wissen jetzt auch, dass unabhängig von der Höhe der Anfangsgeschwindigkeit ein Erreichen der Zielgeschwindigkeit nur dann möglich ist, wenn die Geschwindigkeit der antreibenden Kraft selbst mindestens so groß wie die Zielgeschwindigkeit wird (da die Kraft auch selbst eine Geschwindigkeit besitzt). Dann müssen wir dieser Trägheitsgleichung noch die zusätzliche Bedingung geben, wonach die Geschwindigkeit der antreibenden Kraft a in dieser Gleichung nicht geringer als die Zielgeschwindigkeit ($v = \sqrt{ar}$) sein darf.

$$* \quad * \quad *$$

Zu der Eigenschaft der Trägheit, wonach ihre Stärke immer gleich der einwirkenden Außenkraft ist, sofern diese nicht das Maximum der Trägheit bersteigt, müssen wir noch etwas ergänzen.

Wenn ein Körper um einen Mittelpunkt mit Orbitalgeschwindigkeit kreist, wird seine Zentrifugalkraft von der Zentripetalkraft ausgeglichen. Wenn er schneller als mit Orbitalgeschwindigkeit läuft, ist die Trägheit (zentrifugale Beschleunigung) größer als die Anziehungskraft des Zentralkörpers. In diesem Fall sollte der Körper eigentlich von der größeren Zentrifugalkraft nach außen gezogen werden. In Wirklichkeit ist aber die Trägheit bei einem solchen Fall immer gleich der Anziehungskraft.

Wenn zum Beispiel ein Satellit mit einer Geschwindigkeit v_0, welche die Orbitalgeschwindigkeit v_{Orb} übersteigt, fliegt, so ist dieser Eigenschaft zufolge seine zentrifugale Beschleunigung $a_\otimes$ trotzdem gleich der zentripetalen Beschleunigung g.

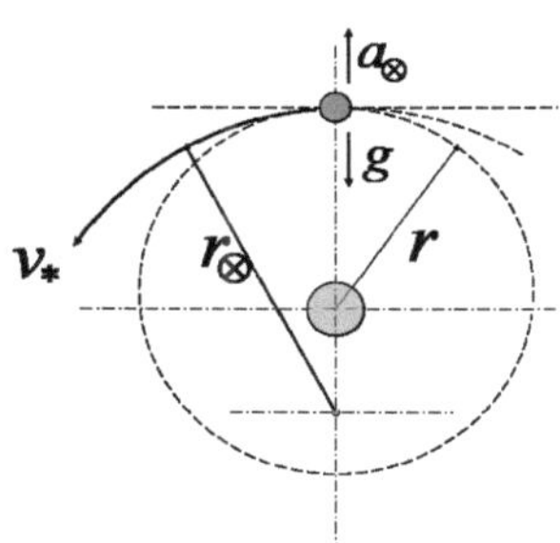

Abb. II-1c-01

Ein mit Überorbitalgeschwindigkeit fliegender Körper hat einen größeren Radius und eine flache Kurve.

Obwohl die maximale Zentrifugale

$$a_\otimes = v_0^2 / r_\otimes$$

beträgt und größer als die Anziehungsbeschleunigung g und

$$g = v_{Orb}^2 / r \ \text{ist,}$$

bleibt $a_\otimes = g$. Weil aber $v_0 > v_{Orb}$ vorliegt, ergibt sich

$$r_\otimes > r \,.$$

Das heißt, der Satellit bewegt sich auf einer Kurve mit dem Radius $r_\otimes$, der größer als r ist (s. Abb. II-1c-01). Der Kurvenpfeil illustriert die Bewegungsspur. Diese Spur verhält sich jedoch so, als ob der Körper von dieser größeren zentrifugalen Beschleunigung nach außen gezogen würde. Daher kann bei Anwendung der zentrifugalen Kraft die Betrachtung so angestellt werden, wie wenn der Körper von der größeren Trägheitskraft nach außen gezogen würde.

II. 1d
Rotation im Gravitationsfeld

Wir haben gesehen, dass ein rotierendes Gravitationsfeld antreibende und bremsende Wirkung hat. Und die Bremsfunktion, über die wir soeben gesprochen haben, gilt allein für die tangentiale Bewegung. Das heißt, der Bremseffekt entsteht nur, wenn der gebremste Körper die Gravitationslinie durchquert.

Wenn sich ein Körper entlang der Gravitationslinie bewegt, wird er nicht gebremst. Ansonsten ginge die Anziehungskraft des Zentralkörpers verloren, wenn die Bremskraft gleich oder stärker als die Anziehungskraft wäre. Also gilt der Bremseffekt des Gravitationsfeldes nur für alle Bewegungen, welche die Gravitationslinie durchschneiden.

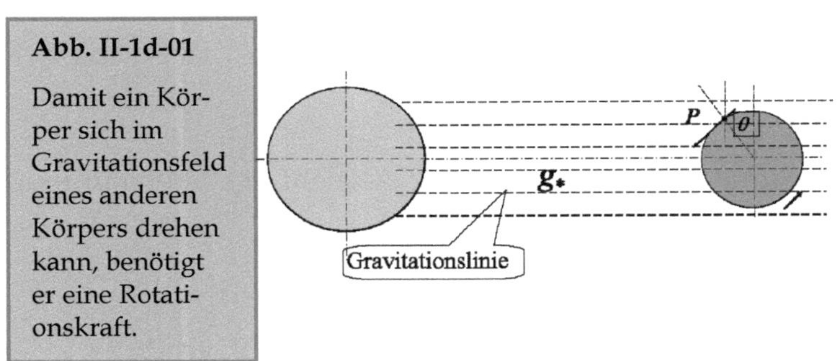

Wenn ein Körper in einem Gravitationsfeld rotiert, schneidet jedes Massepünktchen in ihm die Gravitationslinie mit unterschiedlichem Winkel durch. Daher werden die Körper auch unterschiedlich stark gebremst (s. Abb. II-1d-01). Zum Beispiel wird eine beliebige Punktmasse P von einer Bremskraft beeinflusst:

$$\Delta F_P = \Delta m_P g_* \sin \theta \ .$$

(Δm_P: Masse des Pünktchens,

g_*: Beschleunigung des Gravitationsfeldes)

Betrachten wir einen Ring aus Punktmasse mit dem Radius r, ist die Bremskraft, die der Ring erfährt, gleich

$$F_r = 4 \sum \Delta m g_* \sin \theta = 4 \int_0^{\pi/2} \sigma g_* \sin \theta ds = 4 \int_0^{\pi/2} \sigma g_* r \sin \theta d\theta$$
$$= 4 \sigma r g_* = \tfrac{2}{\pi}(\sigma r 2\pi) g_* = \tfrac{2}{\pi} \Delta m_r g_*$$

(σ: Längenbezogene Dichte,

Δm_r : Masse des Rings)

Da diese Bremskraft nur von der Masse des Rings und nicht von dessen Radius abhängt, ist die gesamte Bremskraft des Körpers gleich der Summe aus allen Ringen:

$$F = \tfrac{2}{\pi} g_* \sum \Delta m_r = \tfrac{2}{\pi} m g_* \ . \qquad \text{(Gl. II-1d-1)}$$

(m: Masse des Körpers)

Dabei ist die Bremsbeschleunigung gleich

$$a = \tfrac{2}{\pi} g_* \ . \qquad \text{(Gl. II-1d-1a)}$$

Das heißt, damit ein Körper im Gravitationsfeld eines anderen Körpers rotieren kann, benötigt er eine eigene Rotationskraft, die größer als das $2/\pi$-Fache des Gravitationsfeldes des anderen sein muss.

II. 1e
Gegenseitiges Umlaufen zweier Körper

Nicht nur ein größerer Körper kann mit seinem Gravitationsfeld einen kleineren antreiben, sondern auch ein kleinerer den größeren. Die Bedingung ist, dass der kleinere sich im Gravitationsfeld des größeren drehen muss. Das heißt, er muss genug eigene Drehungskraft besitzen, um die Kraft des Gravitationsfeldes zu überwinden. Das gilt natürlich auch für den größeren.

Wir haben festgestellt, dass die Geschwindigkeit eines angetriebenen Körpers von dessen Masse grundsätzlich unabhängig ist. Dies gilt aber nicht absolut. Richtig sollte es wie folgt lauten: Die angetriebene Geschwindigkeit eines Körpers ist von seiner Masse unabhängig, wenn der antreibende Körper ausreichend im Gravitationsfeld des angetriebenen rotiert. Ausreichend heißt hier, dass seine Rotationswinkelgeschwindigkeit mindestens so schnell wie die Umlaufwinkelgeschwindigkeit des angetriebenen Körpers sein muss. In einem solchen Zustand ist das Gravitationsfeld des angetriebenen schon überwunden.

Wenn zwei Körper in der gleichen Ebene in gleicher Richtung ausreichend rotieren, werden sie aneinander treiben und umeinander laufen. Dafür nehmen wir das Erde/Sonne-System als Beispiel, um zu sehen, wie ein solches Zweikörpersystem funktioniert (s. Abb. II-1e-01).

Mit der Gleichung der Orbitalgeschwindigkeit (Gl. II-1a-1) kann die von der Sonne angetriebene Erdgeschwindigkeit um die Sonne leicht berechnet werden:

$$v_E = \sqrt{MG/R}\,.$$

Und die von der Erde angetriebene Sonnengeschwindigkeit um die Erde entspricht

$$v_S = \sqrt{mG/R}\,.$$

Dann laufen beide um den gemeinsamen Punkt O. Daraus ergibt sich das Verhältnis

$$\tan\theta = \frac{v_S}{r_S} = \frac{v_E}{r_E}\,.$$

Das heißt zugleich:

$$\frac{r_S}{r_E} = \frac{v_S}{v_E} = \frac{\sqrt{mG/R}}{\sqrt{MG/R}} = \sqrt{\frac{m}{M}}\,.$$

(v_S: Geschwindigkeit Sonne um Erde,

r_S: Abstand Sonne zu O,

v_E: Geschwindigkeit Erde um Sonne,

r_E: Abstand Sonne zu O,

R: Abstand Erde/Sonne,

M: Sonnenmasse, m: Erdmasse)

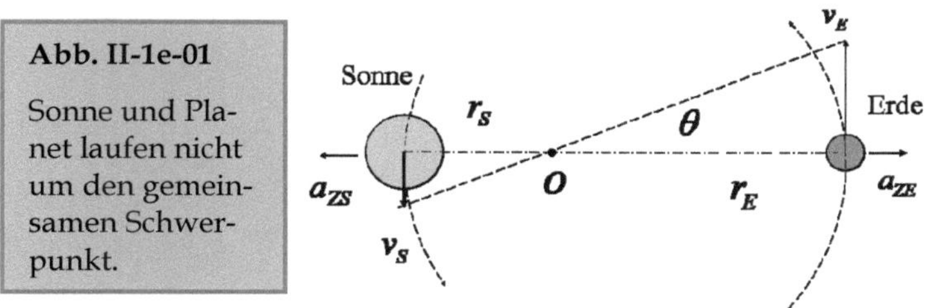

Dieses Verhältnis beweist, dass Erde und Sonne nicht, wie man bisher geglaubt hat, um einen gemeinsamen Schwerpunkt laufen, sondern um den sogenannten Momentanpol, einen gemeinsamen Geschwindigkeits-Nullpunkt (Punkt O in der Abb. II-1e-01).

Für den gemeinsamen Schwerpunkt wäre es

$$\frac{r_S}{r_E} = \frac{m}{M}\,.$$

Aus diesem Beispiel wird auch klar, dass ohne einwirkende Außenkraft die Bahnen zweier umeinander laufender Körper runde Kreise bilden.

* * *

Es gibt auch die Konstellation, in der einer von zwei Körpern (meistens der kleinere) sich nicht oder kaum dreht, wie zum Beispiel Mond und Erde.

Wie in der Abb. II-1e-02 gezeigt wird, treibt die Erde den Mond im Gegenuhrzeigersinn zum Laufen an, und dadurch kreist der Mond um die Erde. Er dreht sich zwar nicht, aber mit seinem ihn umgebenden Gravitationsfeld zieht er auch die Erde in gleicher Richtung mit. Ähnlich wie bei einem Drehmotor-Effekt handelt es sich hier um einen Vorgang wie bei einer Art von Linearmotor, dessen Technik etwa bei Magnetschwebebahnen angewendet wird.

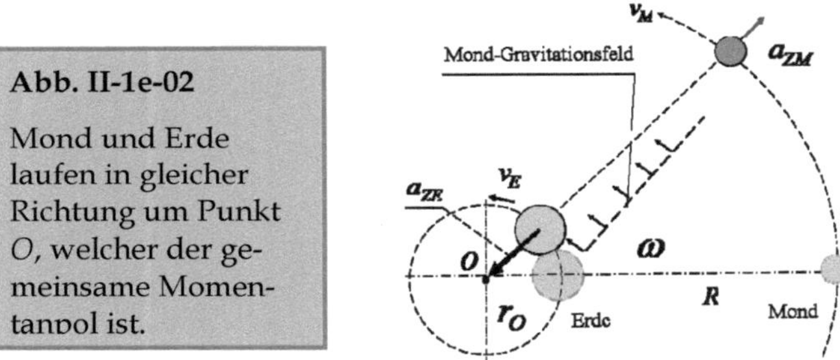

Dieser Effekt verursacht ein gemeinsames Umlaufen um einen Momentanpol O, der außerhalb der Verbindungslinie zwischen den zwei Körpern liegt.

Die Geschwindigkeit des Mondes um die Erde ist ganz normal zu berechnen:

$$v_M = \sqrt{MG/R}.$$

Angenommen, die Erde läuft mit der tangentialen Geschwindigkeit v_E, so muss ihre daraus entstandene zentrifugale Beschleunigung $a_\otimes$ mit der Mondgravitation g_M ausgeglichen sein. Daher richtet sich $a_\otimes$ auf den Punkt O (der dicke Pfeil in der Abbildung). Die tangentiale Geschwindigkeit der Erde entspricht dann:

$$v_E = \sqrt{mG/R}.$$

So kreisen Erde und Mond gemeinsam um den Punkt O mit gleicher Winkelgeschwindigkeit. Das Verhältnis von Geschwindigkeit und Radius ist wie folgt:

$$\omega = \frac{v_M}{R+r_O} = \frac{v_E}{r_O}.$$

Daher ergibt sich:

$$\frac{r_O}{R+r_O} = \frac{v_E}{v_M} = \frac{\sqrt{mG/R}}{\sqrt{MG/R}} = \sqrt{\frac{m}{M}}.$$

(v_E: Erdgeschwindigkeit um O,
r_0: Abstand Erde zum O,
v_M: Mondgeschwindigkeit um O,
R: Abstand Mond-Erde,
M: Erdmasse, m: Mondmasse)

Diese Bewegung beweist wieder den Charakter der Trägheit, wonach ihre Richtung immer der Außenkraft entgegengesetzt ist und sie nur von der Geschwindigkeit des Körpers abhängt, nicht von Form und Richtung der Bewegung.

Zu beachten ist, dass diese gegenseitigen Bewegungen von Erde und Mond nicht den gemeinsamen Lauf von Erde und Mond um die Sonne beeinflussen. Bei diesem werden Erde und Mond als ein Massepunkt betrachtet, dessen Mittelpunkt gleich dem gemeinsamen Schwerpunkt der beiden ist.

II-1f

Ein perfektes System mit vollem dynamischen Gleichgewicht

Wir haben gesehen, dass in einem System mit zwei gegenseitig umlaufenden Körpern, wie Erde und Sonne etwa, die Gravitation des einen die Zentrifugale des anderen ausgleicht, so wie das Gravitationsfeld des einen die Trägheit des anderen:

In tangentialer Richtung der Erdbahn gilt, dass die antreibende Kraft F_1, die vom Sonnengravitationsfeld erzeugt wird, wie folgt ermittelt werden kann:

$$F_1 = g_{*S}\,m = m(MG)/R^2 = MmG/R^2\,.$$

Dieser entgegen gerichtet ist die Erdträgheitskraft F_2:

$$F_2 = mv_E^2/R = m(\sqrt{MG/R})^2/R = MmG/R^2\,.$$

Beide gleichen sich aus:

$$F_1 = F_2 = MmG/R^2.$$

Ebenso gleichen sich auf der Sonnenbahn um die Erde das Erdgravitationsfeld F_5 und die tangentiale Trägheit der Sonne F_6 aus:

$$F_5 = F_6 = MmG/R^2.$$

Und die Anziehungskraft der Sonne zur Erde F_4 erheb wiederum die Zentrifugalkraft der Erde F_3 auf:

$$F_4 = F_3 = MmG/R^2.$$

Umgekehrt vollbringt die Anziehungskraft der Erde zur Sonne F_8 dies mit der zentrifugalen Kraft der Sonne F_7.

$$F_8 = F_7 = MmG/R^2.$$

Außerdem sind die zentrifugalen Kräfte der Erde und der Sonne gleich stark.

$$F_3 = F_7 = MmG/R^2.$$

Auch die Gravitationen der Erde und Sonne sind gleich:

$$F_4 = F_8 = MmG/R^2.$$

Jetzt befindet sich das Sonne-Erde-System (s. Bild II-1f-01), wenn es nicht von außen gestört wird, in einem vollen dynamischen Gleichgewicht:

$$(F_1=F_2)=(F_3=F_4)=(F_5=F_6)=(F_7=F_8)=(F_3=F_7)=(F_4=F_8)=MmG/R^2.$$

Ein System, das zu perfekt ist, um unwahr zu sein kann.

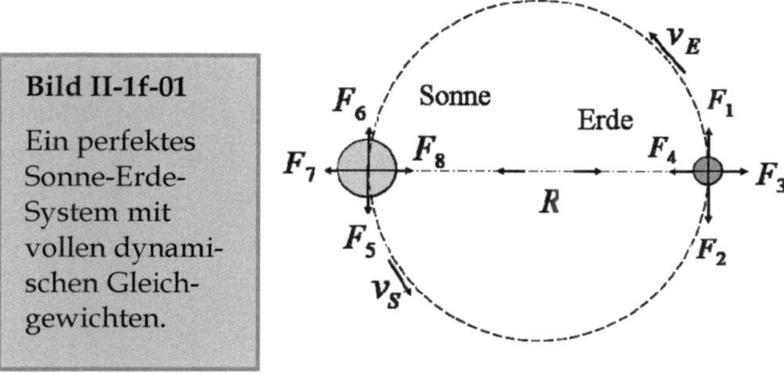

F_1	Kraft des Sonnengravitationsfeldes $= F_{*S}$
F_2	Trägheitskraft der Erde $= f_{\otimes E}$
F_3	Zentrifugale der Erde $= f_{\otimes E}$
F_4	Gravitation der Sonne zur Erde $= F_S$
F_5	Gravitationsfeld der Erde $= F_{*E}$
F_6	Trägheitskraft der Sonne $= f_{\otimes S}$
F_7	Zentrifugale Kraft der Sonne $= f_{\otimes S}$
F_8	Gravitation der Erde zur Sonne $= F_E$

Insgesamt ist ein dynamisches Gleichgewicht zwischen der Gravitation und Trägheit, wo auch immer sie sich miteinander treffen, vorhanden. Und sie treffen sich immer miteinander.

Das ist ein Wunder der Natur. Ein so perfektes System muss eigentlich schon bestehen, bevor ein stabiles System überhaupt existieren kann. Aber damit ein solches System ewig laufen kann, müssen beide Körper ausreichende Rotationskraft besitzen, um gegenseitige Gravitationsfeldwiderstande zu überwinden. Aber woher sollen diese Kräfte überhaupt kommen? Und weil die Gravitationsfelder ewig da sind, müssen die Rotationskräfte dagegen ewig arbeiten, wozu Energie benötigt wird. Dabei handelt es sich hier nicht nur um irgendeine große Portion von Energie. Es bedarf hier Energiequellen, die möglicherweise eine astronomische Energiemenge pro Sekunde erzeugen können. Ohne die Energien und diese Kräfte würde das perfekte System aber kippen. Wie die Natur dieses Problem löst, erfahren wir gleich im nächsten Kapitel.

II. 2

Grarotation

II. 2a
Beschleunigter Körper

Wenn die Geschwindigkeit eines von der Beschleunigung a bewegten Körpers m auf maximal $v_0 = \sqrt{ra}$ begrenzt ist, wird natürlich auch die kinetische Energie des Körpers beschränkt auf maximal

$$E = \tfrac{1}{2} m v_0^2 .$$

Dann stellt sich die Frage, wo die Energie hingegangen ist, die sich eigentlich unendlich hätte steigern können, wenn die Geschwindigkeit nicht begrenzt wäre?

Würden wir die maximale Geschwindigkeit v_0 als Anfangsgeschwindigkeit nach der maximalen Geschwindigkeit eines von der Beschleunigung a erfassten Körpers betrachten, so wäre die Geschwindigkeit danach gleich der Anfangsgeschwindigkeit plus Beschleunigung mal Zeit:

$$v = v_0 + at .$$

Also hätte die Geschwindigkeit eines beschleunigten Körpers mit der Zeit unendlich steigen können, wenn sie nicht begrenzt würde. Dann würde sich auch die gesamte kinetische Energie wie folgt ergeben:

$$E(t) = \tfrac{1}{2} m (v_0 + at)^2 = \tfrac{1}{2} m v_0^2 + m a v_0 t + \tfrac{1}{2} m a^2 t^2 . \quad \text{(Gl. II-2a-1)}$$
$$\underbrace{}_{1.} \quad \underbrace{}_{2.} \quad \underbrace{}_{3.}$$

Obwohl die Geschwindigkeit des Körpers begrenzt ist, wird dieser aber weiter beschleunigt, d. h., die antreibende Kraft arbeitet weiter gegen den Trägheitswiderstand. Dadurch müsste die Energie immer weiter generiert werden.

85

Also ist die Energie, die immer weiter steigen würde, nicht verschwunden, sondern nur nicht von der kinetischen Energie erfasst. Also muss diese gesamte Energie weiterhin existieren.

Interessanterweise besteht diese Formel der gesamten Energie automatisch aus 3 Teilen:

1. Dem ersten Teil ($\frac{1}{2}mv_0^2$): Das ist die kinetische Energie dieses Körpers. Da die Geschwindigkeit nicht weiter steigen kann, bleibt die kinetische Energie unverändert.

2. Dem zweiten Teil (mav_0t): Das ist die Arbeit, welche die Beschleunigung a nach der maximalen Geschwindigkeit gegen den Trägheitswiderstand geleistet hat. Weil der Trägheitswiderstand gleich der antreibenden Kraft ist ($f_\otimes = F = ma$), ergibt sich diese Arbeit zu

$$A = Fs = mav_0t \,.$$

3. Dem dritten Teil ($\frac{1}{2}ma^2t^2$): Das ist Energie, die noch übriggeblieben ist, nachdem die antreibende Kraft den Körper von der Geschwindigkeit null zu deren Maximum beschleunigt und die Arbeit gegen den Trägheitswiderstand bisher geleistet hat und weiter leistet. Diese Energie ist gleich derjenigen, die zu Beginn mit der Anfangsbeschleunigung a erzeugt werden konnte:

$$E = \tfrac{1}{2}mv^2 = \tfrac{1}{2}m(a\,t)^2 \,.$$

Das heißt, die Anfangskraft, die so viel Arbeit geleistet hat, wurde danach nicht im Geringsten geschwächt. Sie hätte mit unverminderter Stärke weiter arbeiten können, um den Körper noch mal von null bis zur maximalen Geschwindigkeit zu beschleunigen. Auch dann würde danach noch eine dritte Energie übriggeblieben sein. Es wirkt unglaublich, ist aber ganz normal, da diese Kraft eigentlich fähig wäre, unendliche Energie zu erzeugen, wenn die Geschwindigkeit nicht begrenzt würde.

Merkwürdig ist, dass man für diese dritte Energie keinen Abnehmer findet, der sie verbrauchen kann.

Der ganze Prozess läuft so: Nachdem die antreibende Kraft a am Anfang den Körper bis auf die maximale Geschwindigkeit beschleunigt hat, trifft sie auf den Trägheitswiderstand, der nicht nachgibt, wie auf eine Wand.

Im Artikel „Umkippung der Kraftrichtung" haben wir schon erlebt, dass eine Kraft ihre Richtung kippen wird, wenn sie auf einen unüberwindbaren Widerstand stößt. Genau dies muss auch hier so geschehen: Wenn die geradlinige Bewegung nicht weiter beschleunigt werden kann, muss ein anderer Ausweg gesucht werden, damit diese Kraft entweichen kann. Eine Schwachstelle der Bewegungsfreiheit des beschleunigten Körpers ist hier die Rotation um die Achse.

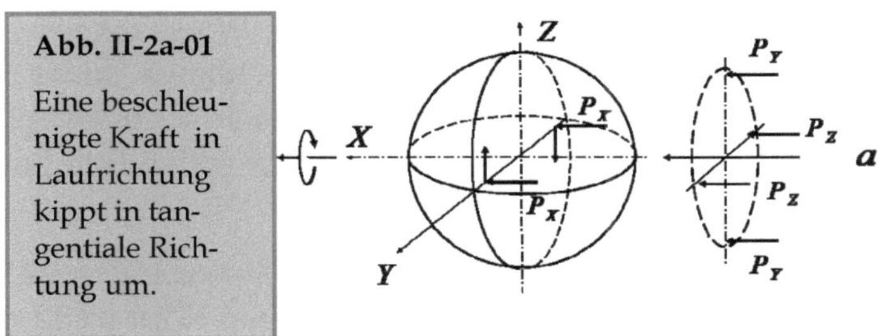

Im Hinblick auf die anderen drei Rotationsfreiheiten ist zum Beispiel eine Rotation um die Y-Achse nicht möglich, weil die Kräfte etwa aus zwei symmetrischen Punkten P_Y, welche die Rotation um die Y-Achse des Körpers erzwingen, sich gegenseitig ausgleichen (s. Abb. II-2a-01). Auch um die Z-Achse ist es aus gleichem Grund nicht möglich. Es bleibt nur eine einzige Rotationsfreiheit um die X-Achse. Dann hat die antreibende Kraft zwangsläufig so umzukippen, dass sie den Körper um die X-Achse zum Rotieren antreibt. Weil diese Umkippung der Kraft keinen Reibungswiderstand oder Ähnliches verursacht hat, bleibt auch die Kraftstärke nach der Umkippung unvermindert.

Das Phänomen, dass die Richtung einer Kraft umkippen wird, so dass die ursprüngliche geradlinige Beschleunigung zu einer Drehbeschleunigung umgewandelt und der Körper dadurch angetrieben wird, sich um die Laufrichtung zu drehen, nennen wir Grarotation (Rotation durch Gravitation).

Dieser Effekt entsteht nicht nur, wenn die Geschwindigkeit eines Körpers ihr Maximum erreicht hat, sondern auch solange er beschleunigt wird, weil während dieser Zeit immer ein Teil der Kraft von Trägheit blockiert wird. Dadurch wird diese Teilkraft umgekippt und der Körper mehr oder weniger rotieren, er wird also grarotiert.

Dass ein beschleunigter Körper sich auch dreht, ist in Wirklichkeit gar nicht ungewöhnlich und kann zudem im täglichen Leben beobachtet werden. Zum Beispiel fällt ein abstürzendes Flugzeug immer spiralförmig. Und wenn man einen Wasserschlauch, mit dem man die Wiese seines Garten spritzt, loslässt, bewegt sich der Schlauch nicht nur ruckzuck nach hinten, sondern trudelt sich auch an seiner Spitze. In beiden Fälle impliziert dies eine rotierende Bewegung in sich.

Durch ein kleines Experiment, bei dem wir einen aufgeblasenen Luftballon mit einem düsenartigen Kopf freilassen, kann man bei Rückwärtsbewegung durch Luftablassen eine Rotationsbewegung des Düsenkopfs beobachten und dadurch die Grarotationsrichtung feststellen (s. Abb. II-2a-02). Der Drehsinn der Grarotation ist zudem durch die Rechte-Faust-Regel bestimmt, wobei der gestreckte Daumen die Beschleunigungsrichtung anzeigt und die gekrümmten Finger den Drehsinn angeben. Achtung: Die vom gestreckten Daumen gezeigte Richtung ist die Beschleunigungsrichtung (aber nicht immer die Bewegungsrichtung).

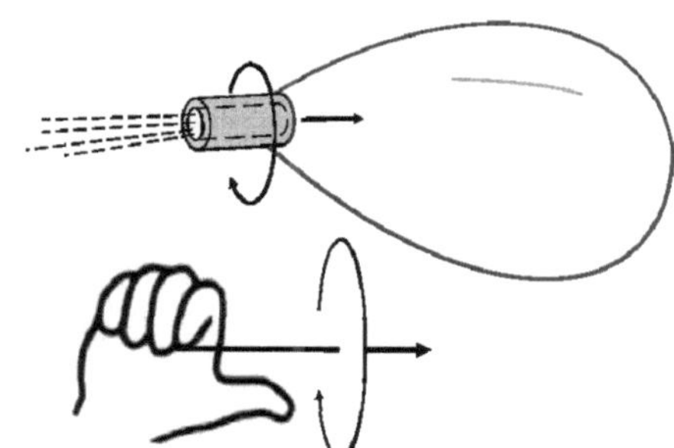

Abb. II-2a-02

Die Grarotationsrichtung wird mit der Recht-Faust-Regel bestimmt.

Zum Beispiel wird eine in den Himmel geschossene Rakete in der Phase, in der sie weiter beschleunigt wird, so grarotiert, dass ihr Rotationsdrehsinn von der Rechte-Faust-Regel bestimmt ist. In diesem Fall ist die beschleunigte Richtung gleich der Bewegungsrichtung. Wenn aber eine zurückgekehrte Weltraumkapsel etwa in die Atmosphäre eindringt, wird sie vom Luftwiderstand gebremst, der gegen die Bewegung der Kapsel beschleunigt. In diesem Fall wird die Beschleunigung, die gegen die Bewegungsrichtung zeigt, die Kapsel andersherum drehen (s. Abb. II-2a-03).

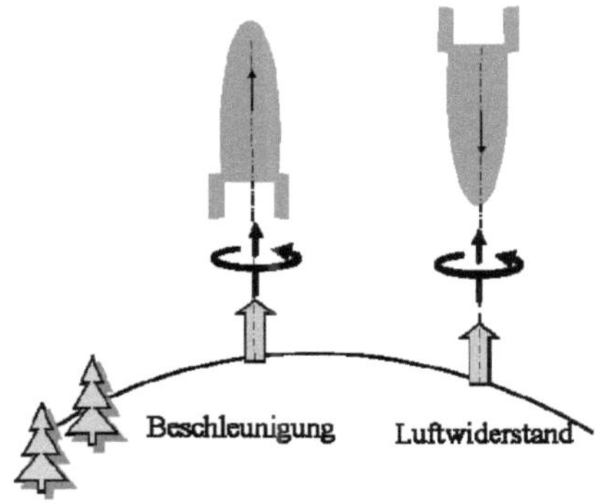

Abb. II-2a-03:

Eine beschleunigte Rakete und eine in die Atmosphäre eindringende Kapsel drehen sich in umgekehrten Richtungen.

II. 2b
Grarotierter Körper

Normalerweise wird die Rotationswinkelgeschwindigkeit des Körpers auf maximal ω beschleunigt, wenn ein Rotationskörper m von einer Kraft $F = ma$ am Außenrand des Körpers angetrieben wird, wie wir mittlerweile wissen. Daraus entsteht ein Trägheits-Drehmoment

$$m_\otimes = J\omega^2 \, .$$

Für einen scheibenförmigen Körper ergibt sich dies zu

$$m_\otimes = J\omega^2 = \tfrac{1}{2} mv^2 \, . \tag{*}$$

(*J*: Trägheitsmoment,
   m: Körpermasse,
   R: Radius des Körpers)

Die Rotationsenergie eines Rotationskörpers kann auch so ausgedrückt werden:

$$E = \tfrac{1}{2} J\omega^2 = \tfrac{1}{2} m_\otimes \, .$$

Diese haben ein Grundverhältnis

$$a = \tfrac{1}{2} v^2 / R \, .$$

Aber beim grarotierten Körper ist es etwas anderes, weil durch Grarotation der Körper nicht am Außenrand angetrieben wird, sondern quasi von innen.

Wir nehmen einen homogenen zylinderförmigen Körper mit dicker Scheibe als Beispiel und zerlegen diesen in viele ineinander zusammengesetzte Zylindermäntel (s. Abb. II-2b-01). Wenn dieser von einer Beschleunigung a in seiner Achsrichtung erfasst und grarotiert wird, ist die Geschwindigkeit jedes Zylindermantels mit Radius r gleich:

$$v_r = \sqrt{ra} \, .$$

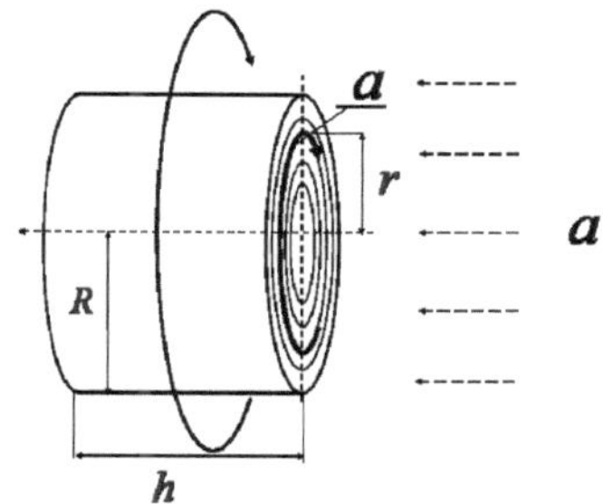

Abb. II-2b-01:

Bei Grarotation sind Rotationswinkelgeschwindigkeiten des Zylindermantels innen schneller als außen.

Demnach lautet das Trägheits-Drehmoment für jeden Mantel:

$$\Delta m_{\otimes} = \Delta mra = \Delta mv_r^2 \,.$$

Weil der Radius der Zylindermäntel ungleich ist, verhalten sich auch deren durch a beschleunigte Winkelgeschwindigkeiten unterschiedlich. Dann ist das Drehmoment eines scheibenförmigen Körpers gleich der Summe aller einzelnen:

$$m_{\otimes} = \sum \Delta mar = 2\pi h\rho a \int_0^R r^2 dr = \frac{2}{3}(\pi R^2 h\rho)aR = \frac{2}{3}maR$$

$$(\,a = \frac{v_r^2}{r} = \frac{v_R^2}{R}\,,\ \Delta m = 2\pi\rho hr\Delta r \cdot\,)$$

Also

$$m_{\otimes} = \frac{2}{3}mv_R^2 \,. \qquad \text{(Gl. II-2b-1)}$$

Dies entspricht nicht der Formel (*). Das heißt, das Trägheits-Drehmoment eines grarotierten Körpers kann nicht mit normalem Trägheitsmoment J beschrieben werden. Für diese Gleichung besteht das Grundverhältnis

$$a = \tfrac{2}{3}v^2 / R \,. \qquad \text{(Gl. II-2b-2)}$$

Und somit ist die Rotationsenergie für den grarotierten Körper auch nicht mehr mit $E = \tfrac{1}{2}J\omega^2$ zu beschreiben, sondern mit

$$E = \tfrac{1}{2} m_\otimes = \tfrac{1}{3} m v_R^2 \, . \qquad\qquad\qquad \text{(Gl. II-2b-2a)}$$

$$*\quad*\quad*$$

Für einen kugelförmigen Körper, dem unser besonderes Interesse galt, kann das grarotierte Trägheits-Drehmoment mit gleicher Methode berechnet werden:

Zerlegen wir eine Kugel in viele ineinander zusammengesetzte Zylindermäntel (s. Abb. II-2b-02), wird die Masse eines einzelnen Mantels folgendermaßen ermittelt:

$$\Delta m = 2\pi r 2 h \rho \Delta r \, .$$

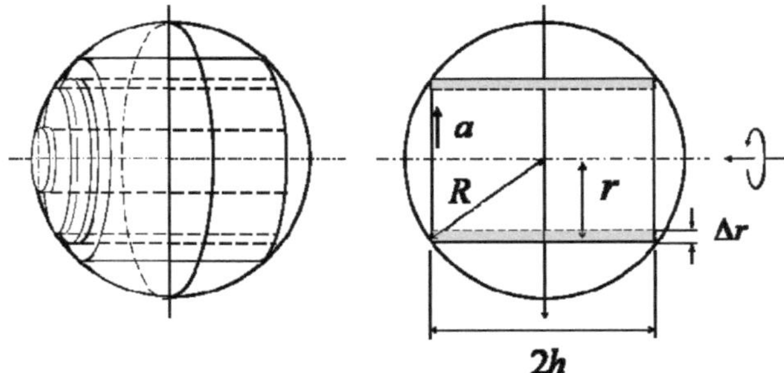

Abb. II-2b-02

Die Berechnung der Rotationsgeschwindigkeit eines grarotierten kugelförmigen Körpers.

Das Trägheits-Drehmoment eines beliebigen Mantels mit Radius r ist gleich

$$\Delta m_\otimes = \Delta mar = \Delta m v_r^2 = \Delta m 4\pi r^2 h v_R^2 \rho \Delta r \, / \, R$$

$$(a = v_r^2 \, / \, r = v_R^2 \, / \, R) .$$

Das Trägheits-Drehmoment einer homogenen Kugel um deren Achse ist deren Summe aller Mäntel:

$$m_\otimes = \sum \Delta m_\otimes = \sum \Delta mar$$

$$= \sum 4\pi r^2 h \rho a \Delta r = \sum 4\pi \rho a \sqrt{R^2 - r^2} \, r^2 \Delta r$$

$$= \frac{4\pi\rho v_R^2}{R} \int_0^R \sqrt{R^2 - r^2}\, r^2 dr = \frac{4\pi R^3 \rho}{3} \frac{3\pi v_R^2}{16R} R$$

$$= \frac{3\pi}{16} m v_R^2 \, . \qquad\qquad \text{(Gl. II-2b-3)}$$

$$(h = \sqrt{R^2 - r^2} \, , \quad a = v_r^2 / r = v_R^2 / R)$$

Das heißt auch, eine grarotierte homogene Kugel hat ein Grundverhältnis zwischen Beschleunigung a und Geschwindigkeit v:

$$a = \tfrac{3\pi}{16} v_R^2 / R \, . \qquad\qquad \text{(Gl. II-2b-4)}$$

Das heißt, ein grarotierter kugelförmiger Körper, dessen Rotationsgeschwindigkeit am Außenrand v_R beträgt, besitzt eine Rotationsenergie von

$$E = \tfrac{1}{2} m_\otimes = \frac{3\pi}{32} m v_R^2 \, .$$

Aus diesem Grundverhältnis (GL. II-2b-4) ist zu folgern, dass die Rotationsgeschwindigkeit eines von einer Beschleunigung a grarotierten homogenen kugelförmigen Körpers auf maximal

$$v_{Rota} = \sqrt{\frac{16}{3\pi} Ra} \qquad\qquad \text{(Gl. II-2b-4a)}$$

begrenzt wird.

*   *   *

Also wird auch die Rotationsgeschwindigkeit von der Rotationsträgheit gebremst und dadurch begrenzt. Damit haben wir wieder das gleiche Problem: Wo ist die Energie hingegangen, die sich eigentlich unendlich steigern könnte, wenn die Rotationsgeschwindigkeit nicht begrenzt wäre?

Und die gesamte Rotationsenergie beträgt nach der maximalen Rotationsgeschwindigkeit, die als v_0 angenommen wird,

$$E_R = \frac{3\pi}{32}m(v_0 + at)^2 = \frac{3\pi}{32}(mv_0^2 + 2mav_0t + ma^2t^2) \qquad \text{(Gl. II-2b-5)}$$

$$\underbrace{\qquad}_{I.} \quad \underbrace{\qquad}_{II.} \quad \underbrace{\qquad}_{III.}$$

Wie die kinetische Energie ist hier die gesamte Rotationsenergie nach der maximalen Rotationsgeschwindigkeit in drei Teile untergliedert worden:

1. Der *I.* Teil ($\frac{3\pi}{32}mv_0^2$) ist die Rotationsenergie, die unverändert bleibt.

2. Der *II.* Teil ($\frac{3\pi}{16}mav_Rt$) ist die Arbeit, die gegen die Rotationsträgheit eingesetzt wurde.

3. Der *III.* Teil ($\frac{3\pi}{32}ma^2t^2$) ist wieder die Energie, die übergeblieben ist und immer weiter steigen wird und für die man keine Anwendung findet. Diese Energie entspricht der Arbeit, welche die Beschleunigung *a* nach der maximalen Rotationsgeschwindigkeit neu leisten kann.

Wohin soll also diese mit dem Quadrat der Zeit steigende mögliche Energie verbracht werden? Jetzt sind alle Bewegungs-Freiheitsgrade beschränkt. Selbst wenn es einen gäbe, würde nach dem gleichem Prozess wieder eine *III.* Teilenergie übergeblieben sein.

Ein denkbarer Weg, um dieses Problem zu lösen, wäre ein der Scheibenbremse ähnlicher Mechanismus, der in der Autoindustrie und im Maschinenbau verwendet wird. Dadurch kann die Rotation gebremst und auch die Energie verbraucht werden. Solche Mechanismen zu erbauen, ist jedoch nur ein hoch intelligenter Mensch in der Lage. Oder könnte es möglich sein, dass ein derartiger Mechanismus auch in der Natur verwendet wird?

Wie bereits erwähnt, sind die grarotierten Winkelgeschwindigkeiten aller Zylindermäntel unterschiedlich. Für jeden ist diese gleich

$$\omega_r = \sqrt{a/r} \; .$$

Das heißt, je kleiner der Mantel ist, desto schneller dreht er sich. So entstehen im Innern des Körpers zwischen nebeneinander liegenden Mänteln Reibungswiderstände, welche die Rotation des Körpers bremsen, genau wie eine Scheibenbremse. Angenommen, die antreibende *a* ist erschöpft, bevor die maximale Rotationsgeschwindigkeit erreicht wird: Dann ist endlich die antreibende Kraft gestoppt worden. Ein geniales Bremssystem der Natur! Und die Energie, welche sich durch Arbeit gegen Reibungswiderstand verbraucht, wird in Wärme umgewandelt.

II. 2c
Drehmotor-Effekt des Körperkerns

Am „Drehmotor-Effekt" haben wir gesehen, dass ein Himmelskörper mit seinem Gravitationsfeld einen anderen Körper oder einen Satelliten beschleunigen kann, wie ein Elektromotor mit seinem elektromagnetischen Feld den Läufer.

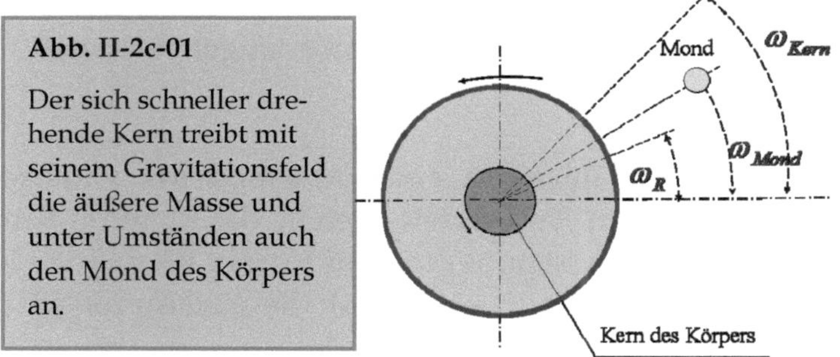

Abb. II-2c-01

Der sich schneller drehende Kern treibt mit seinem Gravitationsfeld die äußere Masse und unter Umständen auch den Mond des Körpers an.

Wir können uns sicher vorstellen, dass alle Himmelskörper deshalb rotieren, weil sie irgendwie grarotiert werden. Ein grarotierter Körper dreht sich im Inneren schneller als im Äußeren. Und die meisten Himmelskörper besitzen einen festen Kern, der sich auch schneller als die äußere Masse dreht. Dann werden die äußeren Teile eines nicht festen

Körpers durch den Drehmotor-Effekt vom Kern des Körpers beschleunigt.

Wenn sich ein fester Zentralkörper nicht schnell genug dreht, könnte sein Mond möglicherweise nicht auf Orbitalgeschwindigkeit beschleunigt werden. Wenn der Zentralkörper kein fester Körper ist, hat er einen Kern, der sich schneller als dieser dreht. In diesem Fall könnte dieser Satellit auch vom Gravitationsfeld des Kerns weiter beschleunigt werden. Diesen Effekt nennen wir „Drehmotoreffekt des Kerns". Dann kann ein Satellit unter Umständen schneller als sein Zentralkörper laufen.

II. 2d
Rotationskraft

Folglich rotiert ein beschleunigter Körper ebenfalls und besitzt auch eine eigene Rotationskraft. Diese entsteht dadurch, dass die Richtung der antreibenden Beschleunigung a so umgekippt ist, dass jedes Pünktchen im Körper von dieser Kraft in tangentialer Richtung angetrieben wird. Das heißt, jedes Pünktchen hat eine gleiche tangentiale Kraft:

$$\Delta F_{Rota} = \Delta ma \, .$$

Diese tangentiale Kraft eines Massepunkts widersetzt sich der möglichen Außenkraft, welche die Rotation behindert. Weil jeder Massepunkt in dem Körper über eine identische tangentiale Kraft verfügt, ist die Rotationskraft des ganzen Körpers ebenfalls gleich

$$F_{Rota} = ma \, . \qquad \text{(Gl. II-2d-1)}$$

Also ist die Rotationskraft eines grarotierten Körpers gleich der Ur-Kraft, die den Körper in der Bewegungsrichtung antreibt.

Wie gesagt: Damit ein Körper im Gravitationsfeld g_* rotieren kann, muss seine eigene Rotationskraft größer als das $2/\pi$-Fache dieses Gravitationsfeldes sein (s. Gl. II-1d-1):

$$a > g_* 2/\pi.$$

*   *   *

Wenn der mysteriöse Apfel nicht ausgerechnet auf seinen Kopf gefallen wäre, hätte Isaac Newton wahrscheinlich auch merken können, dass sich der fallende Apfel ebenso dreht. Dann hätte er uns, der Menschheit, gewissermaßen eine Zeitspanne von über 300 Jahren ersparen können.

III. Teil
Reale Himmelsmechanik

III. 1

Die Sonne

III. 1a
Die Ur-Kraft des Sonnensystems

Wie wir wissen, verläuft das Sonnensystem um den Mittelpunkt der Milchstraße. Aus der Kenntnis von vorigen Kapiteln bedeutet dies, dass das Sonnensystem vom Gravitationsfeld der Milchstraße angetrieben ist. Dessen Kraft nennen wir die Ur-Kraft des Sonnensystems. Dadurch werden auch alle Körper im Sonnensystem grarotiert. Die Folgerung daraus ist, dass alle Körper im Sonnensystem in gleicher Weise rotieren. Und sämtliche Planeten werden von dem rotierenden Gravitationsfeld der Sonne in gleicher Richtung angetrieben und laufen um diese (s. Abb. III-1a-01).

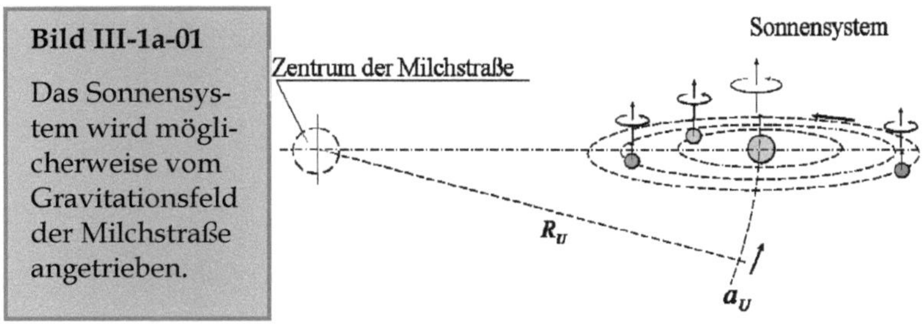

Eigentlich wissen wir nicht genau, wie stark das Gravitationsfeld der Milchstraße ist. Aber gemäß unserer groben Schätzung, damit also das ganze Sonnensystem am Laufen gehalten wird, ist eine Beschleunigung erforderlich von ca.

$$a_u = 4{,}8 \times 10^{-3}\, m/s^2.$$

(Zum Vergleich:
Gravitation der Sonne zur Erde: $5{,}93 \times 10^{-3}\, m/s^2$,

Gravitation der Erde zum Mond: $2{,}71 \times 10^{-3}\, m/s^2$)

Diese Ur-Kraft (-Beschleunigung) ist gleich der Rotationskraft aller Körper im Sonnensystem. Mit dieser Ur-Kraft für das Sonnensystem versuchen wir im Folgenden zu erklären, warum die Bewegungen und Geschehnisse in unserem Sonnensystem so sind, wie sie sind – und zwar vorerst ungeachtet dessen, wie groß die Anziehungskraft zwischen Milchstraße und Sonnensystem tatsächlich ist.

Um die Dinge zu vereinfachen, betrachten wir sie so, als ob

- alle Körper sich auf Ekliptikebene bewegten,
- die Achsen aller Körpern senkrecht zur Ekliptik stünden,
- die Richtung der Ur-Kraft sich senkrecht zur Ekliptik richtete

(s. Abb. III-1a-02).

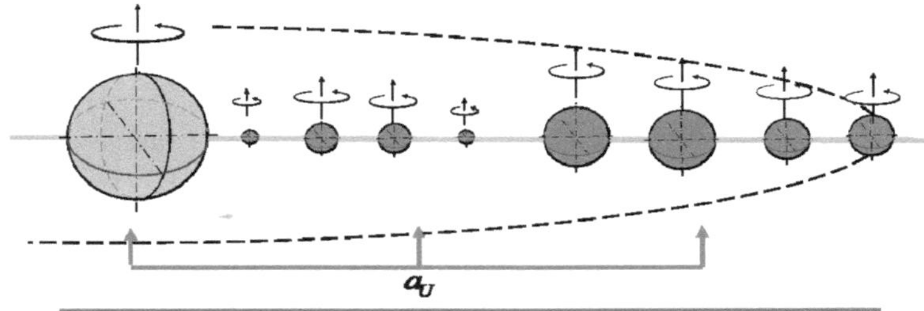

Bild III-1a-02

Um zu vereinfachen, wird ein Sonnensystem idealisiert.

Durch die Rotationsfelder der Sonne in waagrechter Ebene (Ekliptikebene) treibt die Sonne die Planeten dazu an, sie zu umkreisen. Dabei müssten alle Planeten eigentlich auch wegen des Gravitationsfeldes der Sonne auf senkrechter Ebene rotieren. Dies ist nicht geschehen, weil u. a. der von der Ur-Kraft grarotierte Körper in seiner Achsrichtung verharrt. Bei den weiteren Berechnungen wird also die senkrechte Rotation für alle Körper nicht berücksichtigt.

III. 1b
Wärmenergie der Sonne

Mittels einer Urbeschleunigung von a_u = 4,8×10^{-3} m/s^2 wird die Sonne grarotiert. Wie wir schon erklärt haben, ist die gesamte Rotationsenergie eines von a_u beschleunigten bzw. grarotierten kugelförmigen Körpers gleich (s. Gl. II-2b-5)

$$E_R = \frac{3\pi}{32} m(v_0 + a_u t)^2 = \frac{3\pi}{32}(mv_0^2 + 2ma_u v_0 t + ma_u^2 t^2)\,.$$

$$\underbrace{\qquad}_{I.} \quad \underbrace{\qquad}_{II.} \quad \underbrace{\qquad}_{III.}$$

Es wird angenommen, dass die Sonne am Anfang ein starrer Körper war. Wegen unterschiedlicher Rotationsgeschwindigkeit im Inneren der Sonne, die als viele ineinander zusammengesetzte Zylindermäntel betrachtet wird, sind Scherspannungen zwischen den Nachbarmänteln entstanden. Und je größer ein Körper ist, desto stärker sind die Scherspannungen. Wenn ein Körper groß genug ist, wird die Materie des Körpers nicht mehr standhalten können und beginnt nachzugeben. Dann wird im Inneren der Sonne gerieben, geheizt, geschmolzen und geglüht, je nachdem wie groß der Körper ist und welche Zustände die Materie hat.

Wir gehen davon aus, dass der *III.* Teil der Energie dadurch völlig erschöpft ist, und wenn die maximale Rotationsgeschwindigkeit der Sonne erreicht ist, dann wird sie vollständig zu Wärme umgewandelt. Nach Ableitung der *III.* Teilenergie $E_3 = \frac{3\pi}{32} ma_u^2 t^2$ nach der Zeit ergibt sich eine Leistung

$$L_3 = \frac{dE_3}{dt} = \frac{3\pi}{16} ma_u^2 t \ = 2,7 \times 10^{25} J/s\,.$$

$(m = 1,99 \times 10^{30}\, kg$: Masse der Sonne,

$a_u = 4,8 \times 10^{-3}\, m/s^2$: Urbeschleunigung)

(Zu vergleichen ist die tatsächliche geschätzte Wärmeleistung der Sonne mit ca. $3{,}9 \times 10^{26}\, J/s$)

Diese Energie kommt nur aus dieser *III.* Teilenergie. Möglicherweise kann auch etwas von der *II.* Teilenergie wegen des inneren Reibungswiderstands zu Wärme umgewandelt werden. So hat die *II.* Teilenergie um ein Vielfaches mehr Energie als diejenige des *III.* Teils. Die *III.* Energie ist eigentlich, so kann man es wohl ausdrücken, nur ein kleiner Rest von gesamten Sonnenenergie. Energie besitzt die Sonne also ausreichend.

In allen Fällen können wir eines feststellen, dass nämlich das Fusionskraftwerk im Inneren der Sonne, das einst von irdischen Menschen aus Verzweiflung willkürlich eingebaut wurde, abgeschaltet werden kann. Es ist einfach überflüssig.

Auf allen Planeten, darunter die Erde, wird Wärme durch Grarotation mehr oder weniger erzeugt, ständig wie auch ewig.

III. 1c
Warum die Sonne nicht abgeplattet ist

Normalerweise sind bei einer sich um ihre eigene Achse rotierenden Kugel die Winkelgeschwindigkeiten aller Masseteilchen im Körper überall gleich. Deshalb ist die tangentiale Geschwindigkeit am Äquator, zum Beispiel Punkt *A* mit Radius *R* (s. Abb. III-1c-01), größer als die an anderer Stelle, etwa bei Punkt *B* mit Radius *r*. Dann ist auch die zentrifugale Beschleunigung an Punkt *A* größer als die an Punkt *B*. Dadurch wird eine rundförmige Kugel abgeplattet, insbesondere bei Körpern, die nicht aus einer festen Materie bestehen, wie beispielsweise die Sonne.

Stellen Sie sich vor, wir wären die Gottesdiener und hätten als Aufgabe von ihm erhalten, um einen Himmelskörper zu konstruieren, der nicht durch eigene Drehung abgeplattet werden darf. Es wäre keine leichte Aufgabe.

Eine ideale Methode, um dieses Problem zu lösen, wäre, dass wir genau der Ursache entgegenwirken, indem wir eine technische Anforderung erstellen, dass die zentrifugale Beschleunigung jedes Massepünktchens im Körper überall gleich sein muss:

$$a_Z = v^2 / r = K.$$

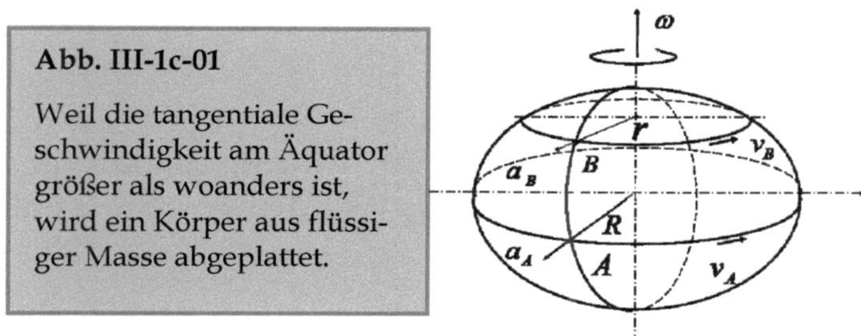

Abb. III-1c-01

Weil die tangentiale Geschwindigkeit am Äquator größer als woanders ist, wird ein Körper aus flüssiger Masse abgeplattet.

Naja, das ist leichter gesagt als getan! Dazu sind wir als irdische Menschen aber nicht in der Lage. Aber wie es gemacht wird, das ist die Sache des Gottes.

Und tatsächlich hat die Natur genau so einen Mechanismus geschaffen, indem sie die Rotation des Körpers nicht mit der konventionellen Methode, mit der ein solcher am Rand beschleunigt wird, herbeiführt. Stattdessen lässt sie jedes Pünktchen in dem Körper mit gleicher Kraft beschleunigen. Dieser Mechanismus heißt: die Grarotation.

Wie wir wissen, ist bei der Grarotation die tangentiale Beschleunigung jedes Pünktchens durch Umkippung der Ur-Beschleunigung a_u entstanden. Daher wird die tangentiale Geschwindigkeit jedes Pünktchens mit Radius r folgendermaßen berechnet:

$$v_r = \sqrt{a_u r} \ .$$

Daraus ergibt sich die zentrifugale Beschleunigung

$$a_r = v_r^2 / r = a_u.$$

Also ist die zentrifugale Beschleunigung jedes Pünktchens in der Sonne unabhängig vom Radius des Massepünktchens überall gleich. Folglich werden die tangentialen Geschwindigkeiten zweier beliebiger Punkte A und B dergestalt ermittelt:

$$v_A = \sqrt{a_u r_A} \quad \text{und} \quad v_B = \sqrt{a_u r_B} \,.$$

Die daraus entstandenen zentrifugalen Beschleunigungen ergeben sich zu:

$$a_A = v_A^2 / r_A = (\sqrt{a_u r_A})^2 / r_A = a_u \quad \text{und} \quad a_B = v_B^2 / r_B = (\sqrt{a_u r_B})^2 / r_B = a_u \,.$$

Also gilt $a_A = a_B$.

Daher ist die Sonne grundsätzlich eine rundförmige Kugel. Sonst wäre sie längst ein Wurfdiskus oder Ähnliches geworden.

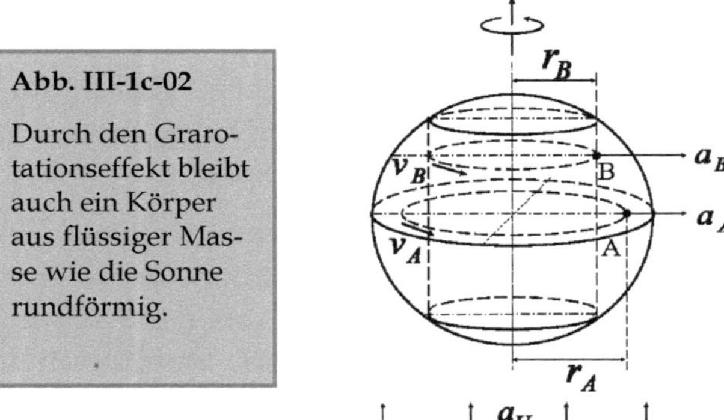

III. 1d
Der Grund der differentiellen Rotation

Wenn die Sonne ein fester Körper wäre, wäre die Rotationswinkelgeschwindigkeit aller Massepunkte gleich

$$\omega_R = \frac{v_{Rota}}{R} = \sqrt{\frac{16 a_u}{3\pi R}} \,.$$

($R = 6{,}96 \times 10^8\, m$: Radius der Sonne,

$a_u = 4{,}8 \times 10^{-3}\, m/s^2$: Urbeschleunigung,

v_{Rota}: Rotationsgeschwindigkeit, s. Gl. II-2b-4a.)

Betrachten wir die Sonne als einen aus vielen Zylindermänteln zusammengesetzten Körper, ohne Berücksichtigung von anderen Faktoren wie etwa dem Reibungswiderstand und als ob er nur allein von der Urbeschleunigung grarotiert würde, so ist die Geschwindigkeit jedes Zylindermantels mit Radius r gleich

$$\omega_r = \frac{v_r}{r} = \sqrt{\frac{a_u}{r}}\ .$$

Weil die Geschwindigkeit des inneren Mantels größer als die des äußeren ist, werden die äußeren Mäntel von den inneren angetrieben. Dabei existiert ein Zylindermantel, der weder antreibend wirkt noch angetrieben ist, den wir neutralen Zylindermantel D nennen und dessen Radius angenommen r_D beträgt. Dann ist die Winkelgeschwindigkeit des Zylindermantels ω_D gleich derjenigen des Festkörpers ω_R:

$$\omega_R = \frac{v_{Rota}}{R} = \sqrt{\frac{16 a_u}{3\pi R}} = \omega_D = \frac{v_D}{r_D} = \sqrt{\frac{a_u}{r_D}}\ .$$

Löst man diese Gleichung nach r_D auf, ergibt sich:

$$r_D = \frac{3\pi}{16} R = 4{,}1 \times 10^8\, m\ .$$

Der Zylinder D trennt die Sonne in zwei Teile auf, den inneren antreibenden Teil, der schneller als Zylinder D läuft, und den äußeren angetriebenen Teil, der langsamer ist. Dabei durchläuft der Zylinder D den ganzen Körper und tritt in den zwei Polarregionen heraus. Dort bekommt man die inneren Zylindermäntel zu Gesicht, die schneller rotieren. Da die beschleunigten äußeren Mäntel in dieser Region nicht vorhanden sind, rotieren die inneren Mäntel ohne Belastung noch schneller. Das Ende des Zylinders D befindet sich auf einem Breitengrad von ca.

$$\phi = \arccos(\, r_D\ /\ R\,) = 53{,}9°\,.$$

Die Sonne rotiert also oberhalb des 53,9°-Breitengrads schneller als unterhalb.

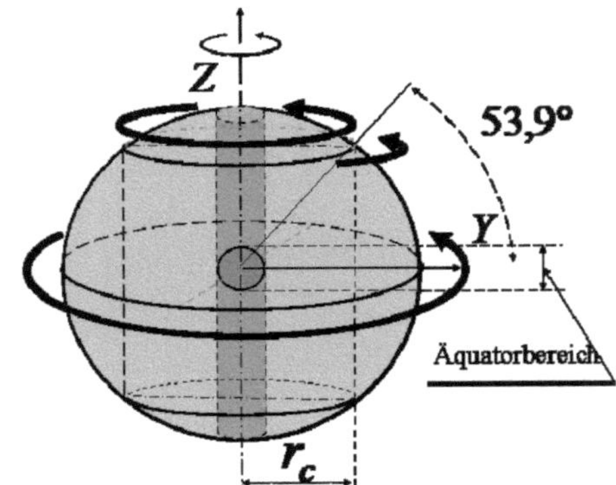

Abb. III-1d-01.

Durch schnellere innere Rotationsgeschwindigkeit und Drehmotoreffekt des Kerns führt die Sonne eine differenzierte Rotation durch.

Wir haben die Sonne bisher als einen homogenen Körper betrachtet. In Wirklichkeit ist sie das aber nicht. Wie alle Himmelskörper muss sie auch einen Kern besitzen, dessen Massedichte am größten ist. Vom „Drehmotoreffekt des Kerns" wissen wir, dass der Kern eines Körpers seinen Außenteil beschleunigen kann. Wenn der Körper nicht starr ist, kann nur die Masse im Äquatorbereich beschleunigt werden, der ungefähr so breit wie der Durchmesser des Kerns ist. Die Stärke des Gravitationsfeldes hängt wiederum von der Masse des Kerns ab. Dadurch wird er im Äquatorbereich schneller als anderswo angetrieben. Daher rotiert die Sonne im Äquatorbereich und außerhalb des 59,3° Breitenkreises der Polarbereiche schneller als dazwischen. Auf diese Weise ist die sogenannte differentielle Rotation entstanden.

Dadurch ist aber die grundsätzliche rundförmige Sonne wieder etwas abgeplattet worden.

III. 1e
Rotationsgeschwindigkeit der Sonne

Wenn die Sonne ein homogener starrer Körper wäre, kann ihre Rotationsgeschwindigkeit durch Grarotation mit der Grundgleichung der Grarotation (Gl. II-2b-4a) berechnet werden:

$$v_R = \sqrt{\frac{16}{3\pi} R a_u} = 2{,}38 \times 10^3\, m/s\,.$$

($R = 6{,}96 \times 10^8\, m$: Radius der Sonne,

$a_u = 4{,}8 \times 10^{-3}\, m/s^2$: Urbeschleunigung)

Betrachten wir aber die Sonne als viele ineinander zusammengesetzte Zylindermäntel, so kann die Rotationsgeschwindigkeit am Äquator mit der Grundgleichung der Trägheit (Gl. I-1c-3) berechnet werden:

$$v_1 = \sqrt{R a_u} = 1{,}83 \times 10^3\, m/s\,.$$

Diese Formel für die Geschwindigkeit ist unter der Annahme entwickelt worden, dass diese allein durch Grarotation entstünde, unbeachtet dessen, dass sie vom schneller rotierenden Sonnenkern weiter beschleunigt werden könnte. Dann müsste dies ihre mindeste Rotationsgeschwindigkeit sein und die Geschwindigkeit der Sonne am Äquator etwas größer sein, als

1830 *m/s*.

(zum Vergleich: Tatsächlich ist sie ca. 2000 *m/s*)

III. 2

Der Mond

Weil der Mond gleichzeitig von Erde und Sonne angetrieben wird, ist seine Laufbahn um die Erde von der ursprünglichen Kreisbahn abgewichen. Um die Bewegung des Mondes zu untersuchen, benötigt man die Grunddaten für alle drei Körper. Weil diese aus verschiedenen Kanälen stammen und nicht immer miteinander übereinstimmen sowie zuweilen auch sehr empfindlich sind, können die berechneten Ergebnisse unterschiedlich sein. Daher müssen wir zuerst die Basisdaten dieser drei Körper vereinheitlichen. Weil die Laufbahnen zweier umeinander laufender Körper kreisförmig sind, wenn sie nicht von anderen Kräften gestört werden, sind ihre Basisdaten im Zustand der reinen Kreisbahn.

Nehmen wir an, der von der Erde um sie herum angetriebene Mondumlauf dauere T_1 Tage und der von der Sonne bewirkte Erdumlauf um sie T_3 Tage. Ferner würde es T_2 Tage dauern, wenn die drei wieder auf gleicher Anfangsposition sind, also Erde, Mond und Sonne auf einer Linie.

Der Kreislauf ist eigentlich eine Hin- und Her-Bewegung um einen Durchmesser des Kreises wie eine Schwingung zu erzeugen. Wir können deshalb eine Umlaufbewegung als eine Schwingung und die Umlaufzeit als die Periodendauer betrachten. Gemäß der Schwingungstheorie resultiert aus Überlagerungen von zwei Schwingungen mit unterschiedlichen Frequenzen f_1 und f_3 eine neue Schwingung f_2, und diese haben folgendes Verhältnis zueinander:

$$f_1 - f_2 = f_3 \text{ oder } \frac{1}{T_1} - \frac{1}{T_2} = \frac{1}{T_3}.$$

Konkret für diese drei Körper bedeutet dies:

$$\frac{1}{27{,}321662} - \frac{1}{29{,}530589} = \frac{1}{365{,}25636}.$$
(Gl. III-2-1)

(T_1 = 27,321662 Tage: Mondumlaufendauer um die Erde,
T_2 = 29,530589 Tage: Mondperiodendauer um die Erde,
T_3 = 365,256 36 Tage: Erdumlaufzeit um die Sonne)

Die Masse der Körper und die Gravitationskonstante sind wie folgt beschaffen:

$M = 1{,}9884 \times 10^{30}\,kg$: Sonnenmasse,

$m = 5{,}974 \times 10^{24}\,kg$: Erdmasse,

$m_3 = 7{,}349 \times 10^{22}\,kg$: Mondmasse,

$G = 6{,}67384 \times 10^{-11}$: Gravitationskonstante.

Mit Hilfe der Orbitalgeschwindigkeitsformel und der Kenntnis, dass der Umfang eines Kreises gleich Geschwindigkeit mal Zeit ist, ergeben sich:

$$v_{Orb} = \sqrt{mG/r} \quad \text{und} \quad v = 2\pi r /T.$$

Daher können wir die Geschwindigkeit und den Radius der Basislaufbahn der Erde um die Sonne und des Mondes um die Erde feststellen:

$$v_{r0} = \sqrt{\frac{mG}{r_0}} = 1019{,}996\,m/s : \text{ Mond-Basis-Geschwindigkeit,}$$

$$v_{R0} = \sqrt{\frac{MG}{R_0}} = 29783{,}973\,m/s : \text{ Erde-Basis-Geschwindigkeit,}$$

$$r_0 = \sqrt[3]{\frac{mGT_1^2}{4\pi^2}} = 3{,}8321367 \times 10^8\,m : \text{ Mondbahn-Basis-Radius,}$$

$$R_0 = \sqrt[3]{\frac{MGT_3^2}{4\pi^2}} = 1{,}4959404 \times 10^{11}\,m : \text{ Erde-Basis-Radius.}$$

Somit haben wir die wichtigsten Daten der Ausgangspunkte für weitere Berechnungen festgelegt. Es handelt sich hier nicht um die präzise Beschreibung der Bewegungen, sondern sie dient eher als Beweis dafür, warum Körper am Himmel sich auf die ihnen eigene Art bewegen.

Zwecks Vereinfachung betrachten wir es so, dass sich die drei Körper – Mond, Erde und Sonne – auf einer Ebene bewegen. Weil die Erdbahn um die Sonne von keiner anderen Kraft gestört wird und die Störung des Mondes durchaus vernachlässigbar sein kann, wird seine Rundbahn unverändert bleiben. Außerdem betrachten wir die Mondbahn als eine 29,53-Tage-Bahn. Das heißt, ein voller Umlauf ist dann erreicht, wenn der Mond die Phase vom Vollmond zum Vollmond durchlaufen hat.

III. 2a
Die Mondbahn

Wie wir jetzt wissen, läuft der Mond durch das Erdgravitationsfeld um die Erde, und durch das Sonnengravitationsfeld laufen Erde und Mond zusammen um die Sonne. Das heißt, das Umlaufen des Mondes ist eine Bewegung, die von zwei Kräften angetrieben wird, den Gravitationsfeldern der Erde und der Sonne, wie in der Abb. III-2a-01 gezeigt wird. Daher wird die ursprüngliche Mondbahn um die Erde von der runden Form abweichen.

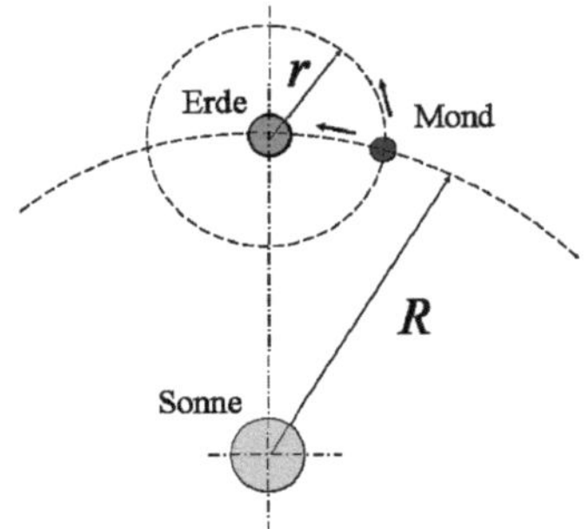

Abb. III-2a-01

Der Mond wird durch Erde und Sonne von zwei Seiten angetrieben.

Angenommen, der Mond befindet sich in Ausgangsposition auf dem Punkt *1* (s. Abb. III-2a-02). An dieser Stelle steht der Mond gerade auf der *X´*-Achse der Koordinate *O´*-

$X'Y'$, deren Ursprung der Erdmittelpunkt ist. Betrachten wir den Erdorbit um die Sonne annähernd als eine Gerade, dann stehen Erde und Mond auf einem gleichen Sonnenorbit mit Radius R_0 und laufen mit gleicher Umlaufgeschwindigkeit um die Sonne. Und gleichzeitig läuft der Mond auch um die Erde auf der Kreisbahn mit Radius r_0.

Wenn sich der Mond durch die Kraft des Erdgravitationsfeldes um einen Winkel θ nach oben gedreht hat, landet er auf Punkt *2´* und die Entfernung zur Sonne hat sich um eine Strecke h vergrößert. Da das Sonnengravitationsfeld an Punkt *2´* kleiner als Punkt *1* ist, wird die von der Sonne angetriebene Mondgeschwindigkeit v_R um sie herum etwas langsamer werden.

Die Mondgeschwindigkeit v_R um die Sonne ist am Punkt *2´* gleich

$$v_R = \sqrt{\frac{MG}{R_0 + h}}\,.$$

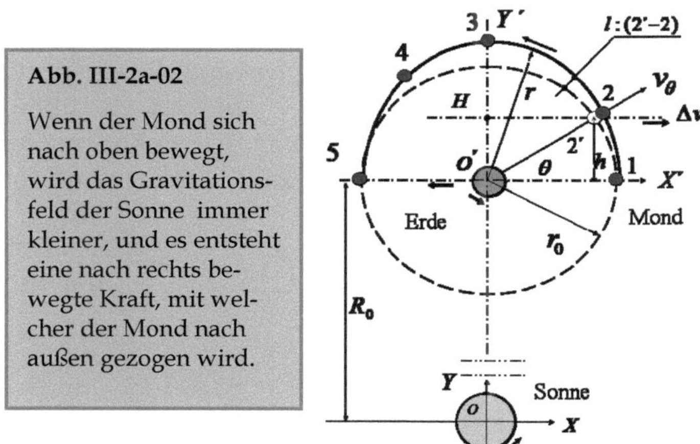

Weil auch die Erde gleichzeitig um die Sonne läuft, entsteht dabei einen Winkelgeschwindigkeits-Differenz zwischen der Erde und dem Mond am Punkt *2´* um die Sonne:

$$\Delta\omega = -(\frac{1}{R_0+h}\sqrt{\frac{MG}{R_0+h}}-\frac{1}{R_0}\sqrt{\frac{MG}{R_0}}).$$

Diesem entspricht eine Geschwindigkeitsdifferenz Δv zwischen dem Punkt H, der sich auf der verlängerten Linie von Sonne/Erde befindet und dessen Abstand zur Erde h beträgt, und dem Mond in waagrechter Richtung:

$$\Delta v = \Delta\omega(R_0+h) = \frac{R_0+h}{R_0}\sqrt{\frac{MG}{R_0}}-\sqrt{\frac{MG}{R_0+h}}.$$

(nach außen als Plus)
(M: Sonnenmasse,
G: Gravitationskonstante,
R_0: Radius Erde/Sonne)

Die Komponente der Differenzgeschwindigkeit Δv in Radialrichtung der Erde ist gleich

$$v_\theta = \Delta v\cos\theta.$$

(Diese zeigt nach außen.)

Durch diese radial nach außen bewegte Geschwindigkeit v_θ wird sich der Mond von Punkt 2´ auf Punkt 2 zubewegen und langsam von der Erde entfernen. Die daraus entstandenen Strecke l zwischen Punkt 2´ und 2 kann wie folgt berechnet werden:

$$dv_\theta = \frac{dl}{dt} = \Delta v\cos\theta = (\frac{R_0+h}{R_0}\sqrt{\frac{MG}{R_0}}-\sqrt{\frac{MG}{R_0+h}})\cos\theta. \quad \text{(Gl. III-2a-1)}$$

$$(h = r_0\sin\theta,\ \theta = \omega t = tv_{r0}/r_0,\ dt = \frac{r_0}{v_{r0}}d\theta)$$

$$\int dl = \int(\frac{R_0+h}{R_0}\sqrt{\frac{MG}{R_0}}-\sqrt{\frac{MG}{R_0+h}})\cos\theta\frac{r_0}{v_{r0}}d\theta$$

$$= \int\sqrt{\frac{MG}{R_0}}(\frac{R_0+h}{R_0}-\sqrt{\frac{R_0}{R_0+h}})\cos\theta\frac{r_0}{v_{r0}}d\theta$$

$$= \int \frac{v_{R0}}{v_{r0}} \left(\frac{R_0 + r_0 \sin\theta}{R_0} - \sqrt{\frac{R_0}{R_0 + r_0 \sin\theta}} \right) d(r_0 \sin\theta)$$

$$l = \frac{v_{R0}}{v_{r0}} \left(r_0 \sin\theta + \frac{r_0^2 \sin^2\theta}{2R_0} - 2\sqrt{R_0(R_0 + r_0 \sin\theta)} \right) + C .$$

$$\left(\theta = 0, \quad l_0 = r_0, \quad C = r_0 + 2R_0 \frac{v_{R0}}{v_{r0}} \right).$$

$$r(\theta) = r_0 + l = r_0 + \frac{v_{R0}}{v_{r0}} \left(2R_0 + r_0 \sin\theta + \frac{r_0^2 \sin^2\theta}{2R_0} - 2\sqrt{R_0(R_0 + r_0 \sin\theta)} \right).$$

(Gl. III-2a-2)

(Diese Gleichung gilt nur für $\theta = 0 \rightarrow \pi$.)

(r_0: Anfangsradius der Mondbahn zur Erde,

v_{r0}: Anfangsgeschwindigkeit des Mondes um die Erde,

$v_{R0} = \sqrt{MG/R_0}$: Mond-Anfangsgeschwindigkeit um die Sonne)

Setzen wir die folgenden Werte in diese Gleichung ein,

$$r_0 = 3{,}8321367 \times 10^8\, m,$$

$$v_{r0} = 1{,}0199996 \times 10^3\, m/s,$$

$$R_0 = 1{,}4959404 \times 10^{11}\, m,$$

$$v_{R0} = 2{,}978399728 \times 10^4\, m/s,$$

$$\theta = \pi/2,$$

dann ergibt sich die Entfernung am Punkt 3 zur Erde. Dies ist das Apogäum des Mondes:

$$r_3 = 4{,}047032 \times 10^8\, m.$$

(Achtung: Bei Berechnung aller exponentiellen Zahlen aus den Zwischenergebnissen muss mindestens eine 7-stellige Zahl nach dem Komma genommen werden.)

Ab Punkt 3 reduziert sich die waagrechte Geschwindigkeitsdifferenz Δv bei steigendem Winkel θ. Auch der Radius r wird immer kleiner bis auf Punkt 5, an dem die Geschwindigkeit des Mondes um die Erde wieder gleich derjenigen an den Ausgangsposition Punkt 1 ist.

Weil der Mond sich von *P3* zu *P5* immer in radialer Richtung von außen nach innen bewegt hat, wird sich diese Bewegung nach *P5* weiter fortsetzen. Dieser Effekt ist etwa so, als wenn sich ein Pendel mit einer Trägheitskraft durch den neutralen Punkt bewegt (dieser Effekt wird noch detaillierter erklärt werden). Deshalb kann die Mondbahn unterhalb der X'-Achse nicht mit obiger Formel durch θ für π zu 2π ermittelt werden. Sie muss erneut berechnet werden.

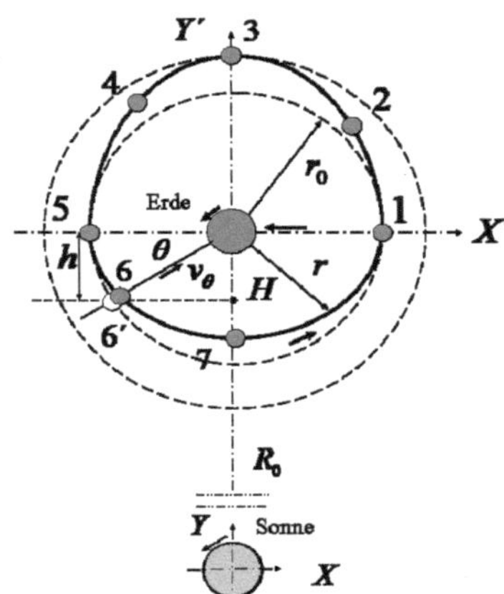

Abb. III-2a-03

Wenn der Mond sich von der X'-Achse nach unten bewegt, wird seine vorherige Bewegung in radialer Richtung fortgesetzt. Dann läuft er in diesem Beispiel weiter nach innen.

Das Prinzip für die Berechnung der unteren Teilmondbahn ist gleich. Nachdem der Mond sich von Punkt 5 um θ nach unten gedreht hat, landet er auf Punkt 6' (s. Abb. III-2a-03), und die Mondgeschwindigkeit v_R am Punkt 6' um die Sonne erhält man durch

$$v_R = \sqrt{MG / R_0 - h} \, .$$

Die Geschwindigkeit des Punktes H um die Sonne ist gleich

$$v_H = \frac{R_0 - h}{R_0} \sqrt{MG / R_0} \, .$$

Die Differenz zwischen den beiden lautet:

$$\Delta v = \frac{R_0 - h}{R_0}\sqrt{\frac{MG}{R_0}} - \sqrt{\frac{MG}{R_0 - h}}\,.$$

Die weitere Berechnung findet wie folgt statt:

$$dv = \frac{dl}{dt} = -(v'_R - v_H) = \frac{R_0 - h}{R_0}\sqrt{MG/R_0} - \sqrt{MG/R_0 - h}\,.$$

$$\int dl = \int \left(\frac{R_0 - h}{R_0}\sqrt{\frac{MG}{R_0}} - \sqrt{\frac{MG}{R_0 - h}}\right)\cos\theta\,\frac{r_0}{v_{r0}}\,d\theta$$

$$l = \frac{v_{R0}}{v_{r0}}\left(2\sqrt{R_0(R_0 - r_0\sin\theta)} + r_0\sin\theta - \frac{r_0^2\sin^2\theta}{2R_0}\right) + C$$

$$(\theta = 0\,,\quad l_0 = r_0\,,\quad C = r_0 - 2R_0\frac{v_{R0}}{v_{r0}})$$

Daraus ergibt sich der Abstand zwischen Mond und Erde von *P5* zu *P7* und weiter zu *P1*:

$$r(\theta) = r_0 - l = r_0 - \frac{v_{R0}}{v_{r0}}\left(2R_0 - r_0\sin\theta + \frac{r_0^2\sin^2\theta}{2R_0} - 2\sqrt{R_0(R_0 - r_0\sin\theta)}\right)\,.$$

(Gl. III-2a-3)

(Diese Gleichung gilt nur für $\theta = 0 \rightarrow \pi$)

Wenn $\theta = \pi/2$ ist, beträgt die Entfernung bei *P7*, am Perigäum des Mondes, zur Erde:

$$r_7 = r(\tfrac{\pi}{2}) = 3{,}617058 \times 10^8\,m\,.$$

*   *   *

Wir haben soeben die Mondbahn berechnet, auf der das Perigäum (erdnächster Punkt) zwischen Erde und Sonne liegt, wie die Abbildung unten links veranschaulicht (Abb. III-2a-04). Wir wissen auch, dass sich die Mondbahn im Ganzen ständig in Laufrichtung dreht. Wenn sich die Mondbahnform um 180° gedreht hat, zeigt das Apogäum (erdfernster Punkt) nach unten, wie die Abbildung unten rechts verdeutlicht. Aus den Abbildungen erkennen wir,

117

dass die Sonneneinflüsse auf den Mond für die zwei Fälle voneinander abweichen. Deshalb sind auch die zwei Formen nicht ganz identisch und auch die Mondentfernungen zur Erde sind nicht gleich.

Für Berechnung des zweiten Falls muss man nur den Ausgangspunkt $P5$ statt $P1$ nehmen. Wir haben die 4 typischen Entfernungen an den Punkten A, B, C und D für die zwei typischen Bahnformen berechnet und aufgelistet:

$$r_A = 4{,}047032 \times 10^8\,m\,,$$

$$r_B = 3{,}617058 \times 10^8\,m\,,$$

$$r_C = 3{,}617242 \times 10^8\,m\,,$$

$$r_D = 4{,}047215 \times 10^8\,m\,.$$

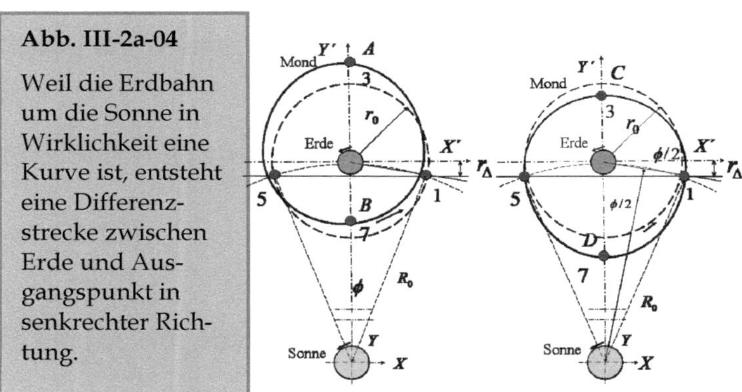

Abb. III-2a-04

Weil die Erdbahn um die Sonne in Wirklichkeit eine Kurve ist, entsteht eine Differenzstrecke zwischen Erde und Ausgangspunkt in senkrechter Richtung.

Zum Vergleich sind die tatsächlichen Entfernungen wie folgt beschrieben:

Größte Entfernung*: $\qquad (4{,}055 - -4{,}045) \times 10^8\,m\,,$

Kleinste Entfernung*: $\qquad (3{,}626 - -3{,}633) \times 10^8\,m\,.$

(*: bezogen aus Wikipedia)

Wir sind bei der Berechnung davon ausgegangen, dass $P1$ und $P5$ auf der X'-Achse liegen. In Wirklichkeit sind sie die Punkte auf dem Erdorbit um die Sonne. Es besteht zwischen dem Punkt 1 bzw. Punkt 5 und der X'-Achse eine senkrechte Strecke r_Δ (s. Abb. III-2a-04), die annähernd wie folgt berechnet werden kann:

$$r_\Delta = r_0 \sin(\phi/2) = \frac{r_0^2}{2R_0} = \frac{(3{,}832\times10^8)^2}{2\times1{,}496\times10^{11}} = 4{,}91\times10^5\,m\,.$$

$$(\phi/2 = \arcsin(r_0/2R_0))$$

Dies soll bei Bedarf entsprechend berücksichtigt werden.

III. 2b
Umlaufgeschwindigkeit des Mondes

Also ist die Mondbahn um die Erde von ihrer ursprünglichen Kreisbahn abgewichen. Dadurch läuft der Mond, außer in den zwei Punkten P1 und P5, mit der Geschwindigkeit, die ebenfalls von der Orbitalgeschwindigkeit abgewichen ist. Und wir wissen auch, dass diese Abweichung durch eine dritte Kraft verursacht wird.

Befindet sich der Mond etwa am Punkt E (s. Abb. III-2b-01), ist die Orbitalgeschwindigkeit gleich

$$v_{Orb-E} = \sqrt{mG/r_0}\,.$$

Angenommen, der Mond läuft mit einer Geschwindigkeit v_E, die um eine Δv schneller als die Orbitalgeschwindigkeit ist:

$$v_E = v_{Orb-E} + \Delta v\,.$$

Zudem ist die Δv angenommen gleich der Orbitalgeschwindigkeits-Differenz zwischen Punkt E und P, deren Abstand Δr beträgt:

$$\Delta v = v_{Orb-E} - v_{Orb-P} = \sqrt{mG/r_0} - \sqrt{mG/(r_0 + \Delta r)}\,.$$

(m: Erdmasse, G: Gravitationskonstante)

Weil die von v_E entstandene Zentrifugale größer als die Erdgravitation ist, wird sich der Mond nach außen bewegen. Wenn er nach einer Strecke Δr den Punkt P erreicht, ist seine Geschwindigkeit bei P gleich (mit der Gleichung $v = \sqrt{ar}$):

$$v_{Orb-P} = \sqrt{g_*(r_0 + \Delta r)} = \sqrt{mG/(r_0 + \Delta r)} \, . \qquad (*)$$

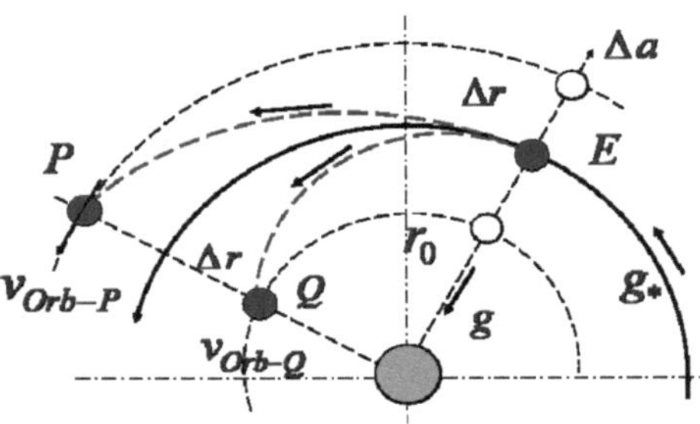

Diese Geschwindigkeit ist genau die Orbitalgeschwindigkeit am Punkt P und um das Zweifache von Δv kleiner als v_E. Also existiert eine zweifache Orbitalgeschwindigkeits-Differenz zwischen E und P:

$$v_E - v_{Orb-P} = (\sqrt{mG/r_0} + \Delta v) - \sqrt{mG/(r_0 + \Delta r)} = 2\Delta v \, . \quad (1)$$

Der Grund für die doppelte Verringerung liegt darin, dass die Mondgeschwindigkeit am Anfang größer als seine Orbitalgeschwindigkeit um Δv ist, daher wird diese vom Gravitationsfeld der Erde gebremst. Als weiterer Grund kommt hinzu, dass die Orbitalgeschwindigkeit selbst am Punkt E um Δr größer als am Punkt P ist und der Körper somit an diesem noch einmal Δv verliert. Insgesamt hat sich die Geschwindigkeit um Zweifache von Δv verkleinert. Das heißt, er hat sich gleichzeitig nach zwei Richtungen, die radiale und tangentiale, bewegt. Von der tangentialen Richtung verliert er dieses überschüssige Δv und aus der radialen Bewegung noch eine Orbitalgeschwindigkeits-Differenz, die gleich Δv ist. Dies bedeutet, dass die beiden Geschwindigkeiten, eine radiale und eine tangentiale, in Bezug auf die Orbitalgeschwindigkeit gleich sind.

Wenn der Mond bei E mit Orbitalgeschwindigkeit kreist und von einer Außenkraft Δa etwas nach außen gezogen wird, ist, angenommen $\Delta a = (\Delta v)^2 / r_0$, das Ergebnis auch gleich. In diesem Fall kann es so betrachtet werden, als ob die Erdgravitation um Δa verkleinert und damit auch die Orbitalgeschwindigkeit geringer geworden wäre. Dann läuft er mit einer Geschwindigkeit, die um Δv größer als diese verkleinerte Orbitalgeschwindigkeit ist. Am Ende ist seine reale Geschwindigkeit am Punkt P um Δv kleiner als die Orbitalgeschwindigkeit an dieser Stelle oder um das Doppelte von Δv verringert gegenüber der Anfangsgeschwindigkeit:

$$v_P = v_{Orb-P} - \Delta v = v_{Orb-E} - 2\Delta v \,. \tag{1a}$$

Auch wenn die Beschleunigung Δa statt in radialer Richtung in tangentialer Richtung den Mond beschleunigt, bedeutet dies, dass der Mond seine Umlaufgeschwindigkeit vergrößern wird um

$$\Delta v = \sqrt{r_0 \Delta a} \,.$$

Dann ist das Endergebnis wieder mit dem der Gleichung (*) identisch.

Infolgedessen heißt es, dass sich der Mond nach außen um eine Strecke bewegt und, egal aus welchem Grund, seine Geschwindigkeit um die doppelte Orbitalgeschwindigkeits-Differenz während dieser Strecke verkleinert wird.

In gleicher Weise wird der Mond am Punkt E mit einer Geschwindigkeit, die um Δv kleiner als seine Orbitalgeschwindigkeit ist, von der Erdgravitation nach innen gezogen. Hingegen wird seine reale Geschwindigkeit am Punkt Q, dessen Radius um Δr kleiner als am Punkt E ist, um das Zweifache von Δv vergrößert:

$$v_{Orb-Q} - v_{E*} = \sqrt{mG/(r_0 - \Delta r)} - (\sqrt{mG/r_0} - \Delta v) = 2\Delta v \,. \tag{2}$$

$$(\,\Delta v = v_{Orb-Q} - v_{Orb-E} = \sqrt{mG/(r_0 - \Delta r)} - \sqrt{mG/r_0}\,)$$

Wenn der Mond am Punkt E mit einer Orbitalgeschwindigkeit läuft und von einer Außenkraft nach innen gedrückt wird, ist seine Geschwindigkeit am Punkt Q größer als die Orbitalgeschwindigkeit, und zwar um das Doppelte von Δv:

$$v_Q = v_{Orb-Q} + \Delta v = v_{Orb-E} + 2\Delta v \,. \tag{2a}$$

Aufgrund des gleichen Prinzips bewegt sich der Mond nach innen um eine Strecke und, egal aus welchem Grund, wird seine Geschwindigkeit um das Doppelte der Orbitalgeschwindigkeits-Differenz entlang dieser Strecke vergrößert.

Aus (1a) und (2a) erhalten wir:

$$v_P = 2\sqrt{mG/(r_0 + \Delta r)} - \sqrt{mG/r_0} \tag{3}$$

$$v_Q = 2\sqrt{mG/(r_0 - \Delta r)} - \sqrt{mG/r_0} \tag{4}$$

Ersetzen wir den Radius $(r_0 + \Delta r)$ und $(r_0 - \Delta r)$ aus den beiden Formeln (3) und (4) durch realen Radius r, können diese mit nur einer Formel beschrieben werden. Dann kann die Mondgeschwindigkeit mit dem Radius r, unabhängig in welcher Richtung er sich bewegt, wie folgt ausgedrückt werden:

$$v(r) = 2\sqrt{mG/r} - \sqrt{mG/r_0} \,. \tag{Gl. III-2b-1}$$

Wie wir wissen, ist die Basis-Geschwindigkeit des Mondes, die derjenigen an den Punkten $P1$ und $P5$ in der Abb. III-2a-03 entspricht, gleich der Grundgeschwindigkeit:

$$v_{r0} = 1{,}0199996 \times 10^3 \, m/s \,.$$

Wird der Term $\sqrt{mG/r_0}$ von Gl. III-2b-1 durch diese ersetzt, so ist die Mondumlaufgeschwindigkeit an jedem Punkt mit dem Radius r gleich:

$$v(r) = 2\sqrt{mG/r} - 1{,}02 \times 10^3 \,. \tag{Gl. III-2b-1a}$$

Damit können die Mondgeschwindigkeiten an vier typischen Punkten (s. Abb. III-2a-04) berechnet werden:

$$v_A = 2\sqrt{mG/r_A} - 1020 = 0{,}9651 \times 10^3 \, m/s \quad (r_A = 4{,}047032 \times 10^8 \, m)$$

$$v_B = 2\sqrt{mG/r_B} - 1020 = 1{,}0798 \times 10^3 \, m/s \quad (r_B = 3{,}617058 \times 10^8 \, m)$$

$$v_C = 2\sqrt{mG/r_C} - 1020 = 1{,}0797 \times 10^3 \, m/s \quad (r_C = 3{,}617242 \times 10^8 \, m)$$

$$v_D = 2\sqrt{mG/r_D} - 1020 = 0{,}9651 \times 10^3 \, m/s \quad (r_D = 4{,}047215 \times 10^8 \, m)$$

Zu vergleichen sind die Mondgeschwindigkeiten (bezogen aus Wikipedia) zwischen $0{,}964 \times 10^3 \, m/s$ - $1{,}076 \times 10^3 \, m/s$.

Diesen Effekt, dass die von einem Zentralkörper angetriebene Umlaufgeschwindigkeit eines Körpers um das Zweifache der Orbitalgeschwindigkeits-Differenz zwischen einer Strecke verringert oder vergrößert wird, wenn er sich um diese Strecke nach außen bzw. innen bewegt, nennen wir den Doppelt-Orbitalgeschwindigkeits-Differenz-Effekt.

Durch den Effekt, wenn sich der Mond mit einer Geschwindigkeit, die größer als die Orbitalgeschwindigkeit ist, nach außen bewegt, wird seine Geschwindigkeit immer langsamer und irgendwann kleiner als die Orbitalgeschwindigkeit sein, auch umgekehrt. Das ist der Grund, warum der Mond immer hin und her um den Grundkreis läuft.

III. 2c
Die Form der Mondbahn ist keine Ellipse

Wir haben gesehen, dass die Mondbahn durch Einfluss der Sonne von ihrer ursprünglichen Rundbahn abgewichen ist. Außer Punkt 1 und 5 haben alle anderen Punkte die Rundbahn verlassen. Das heißt, dass sich die Länge der X'-Achse nicht geändert hat. Am oberen Teil der Y'-Achse hat sich der Radius um eine Strecke von l_1 verlängert, der untere Teil dagegen um l_2 verkürzt. Aus unserer Berechnung ist l_1 manchmal länger und manchmal sogar kürzer als l_2. Daher betrachten wir die große Achse (Y'-Achse) grundsätzlich als genauso lang wie die kleine Achse (X'-Achse). Wir nennen sie aber weiterhin die große bzw. kleine Achse, obwohl sie nicht wirklich größer bzw. kleiner sind. Aber die Form der

Mondbahn ist offenbar keine Ellipse, sondern besitzt eher die Kontur eines Exzenters. Dessen exzentrischer Abstand kann annähernd betrachtet werden als

$$l = \tfrac{1}{2}(l_1 + l_2)\,.$$

Abb. III-2c-01

Die Form der Mondbahn hat eher die Kontur eines Exzenters.

Um die Bahnform zu zeichnen, nehmen wir zwei gleiche Kreise, einen O und einen $O´$, die gleich den Grundkreisen der Mondbahn sind, und legen die zwei Kreise auf die Y-Achse mit einem Abstand l zwischen dem Zentrum von O und $O´$, welcher der Durchschnitt von l_1 und l_2 ist. Verbinden wir die Punkte 1 und 5 mit dem Kreis $O´$ direkt und ohne dessen Durchmesser auf der $X´$- und $Y´$-Achse zu verändern, so entsteht so etwas wie ein abweichender Kreis, der die wahre Mondbahn sein müsste (s. Abb. III-2c-01 rechts). Und auf dem Punkt O befindet sich die Erde.

III. 2d
Scheingeschwindigkeit des Mondes

Angenommen, der Mond befindet sich am Anfang auf Punkt A, der auf der Sonne-Erde-Verbindungslinie steht (drei auf einer Linie) (s. Abb. III-2d-01). Wenn er von Punkt

A mit einer durchschnittlichen Geschwindigkeit von ca. 1,02 km/s in 27,32 Tagen um die Erde gelaufen ist, landet er auf Punkt B, und ist genau eine Runde um die Erde gelaufen. Wir bezeichnen diese als 27,32-Bahn, deren Umfang gleich ist:

$$S_{27,32} = 2\pi r_0$$

(r_0 : Radius des Mondgrundkreises)

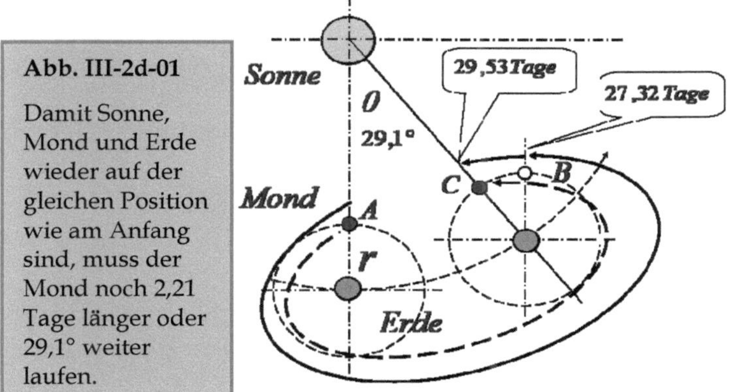

Damit er wieder auf eine Sonne-Erde-Linie (Punkt C) gelangen kann, muss er noch 2,21 Tage weiterlaufen oder sich weiter drehen um eine Winkel von

$$\theta = (29,5306 \times 360)/365,2564 = 29,105°.$$

Dieser entspricht einem Bogenmaß von

$$29,105° = 29,105\,\pi/360 = 0,254\;rad.$$

Wie gesagt, wir betrachten die Mondbahn als eine 29,53-Bahn. Denn deren Umfang ist gleich dem Umfang einer 27,32-Bahn plus einer Strecke, die der Mond noch in 2,21 Tagen zurücklegen muss:

$$S_{29,53} = 2\pi r_0 + 2,21\,tage \times v_0.$$

Dieser Umfang ist gleich der Strecke, die er mit der Grundgeschwindigkeit in 29,53 Tagen zurückgelegt hat:

$$S_{29,53} = 29{,}5306 \times 24 \times 3600 \times 1020 = 26{,}0247 \times 10^{8}\, m\,.$$

Wenn man die 29,53-Tagebahn als 360°-„Kreis" betrachtet, erhält der Mond noch eine zusätzliche Geschwindigkeit, mit der die 29,105°-Lücke geschlossen werden kann. Diese zusätzliche Geschwindigkeit nennen wir Mond-Schein-Geschwindigkeit, mit der er genau eine Runde um die Erde liefe, wenn diese eine Runde um die Sonne gelaufen ist:

$$t = \frac{2\pi R}{\sqrt{\dfrac{MG}{R}}} = \frac{2\pi r}{v_{Schein}}\,.$$

Daraus ergibt sich die Schein-Geschwindigkeit des Mondes

$$v_{Schein}(R,r) = \frac{r}{R}\sqrt{\frac{MG}{R}}\,.$$

Wenn der Mondorbit um die Sonne gleich dem Erdorbit um dieselbe und der Abstand Mond/Erde gleich dem Radius des Mondgrundkreises ist, besteht die Schein-Geschwindigkeit in ihrem Durchschnitt, wodurch der Mond in einem Jahr genau einmal um die Erde liefe:

$$\overline{v}_{Schein} = 2\pi r_0 / 365{,}256\ Tage = 76{,}29\ m/s\,.$$

(*M*: Sonnenmasse, *G*: Gravitationskonstante,
  R: Abstand Mond/Sonne, *r* : Abstand Mond/Erde,
  r_0: Mondgrundradius)

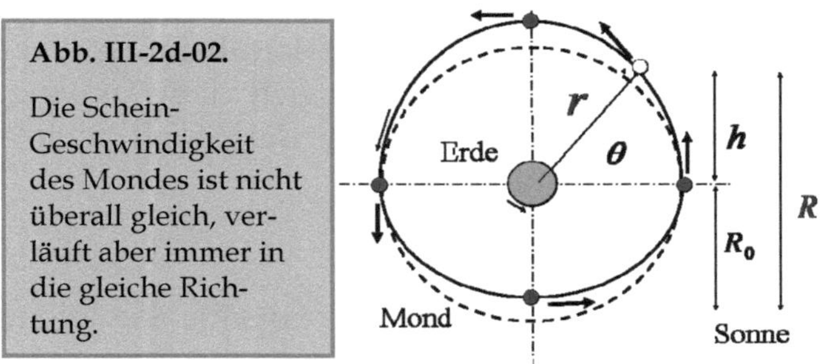

Abb. III-2d-02.

Die Schein-Geschwindigkeit des Mondes ist nicht überall gleich, verläuft aber immer in die gleiche Richtung.

Die drei Eigenschaften, nämlich 2,21 Tage länger, 29,1°
weiter und 76,29 m/s schneller, betreffen eine und derselbe
Sache.

Bei Berechnung der Mondbahn haben wir die 29,53-
Mondbahn als 360° für einen Umlauf betrachtet, dabei wird
die Schein-Geschwindigkeit berücksichtigt. Das war notwendig, weil diese an der Entstehung der Mondbahn mit-
gewirkt hat, und zwar mit einem Wirkungsgrad von ca. 2/3.
Das heißt, sie ist der Hauptverursacher der Mondbahnent-
stehung. Daher sieht die tatsächliche 29,53-Mondbahn so
aus, wie es in Abb. III-2d-03 illustriert ist, und reicht von
Punkt A nach einer Umrundung bis Punkt C.

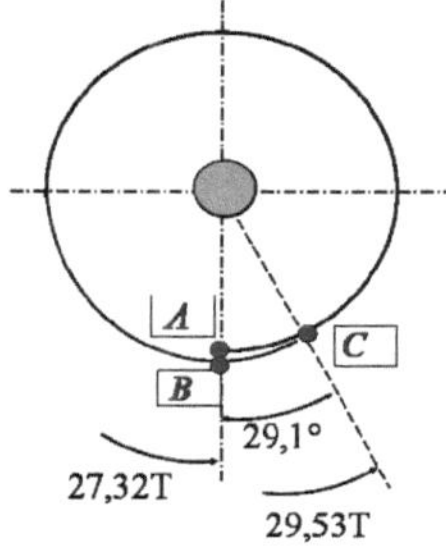

Abb. III-2d-03

Die tatsächliche
Form der 27,32-Tage-
Bahn des Mondes ist
ein ungeschlossener
Kreis.

Auch die Kurvenlänge für die 29,53-Bahn muss bei der
Schein-Geschwindigkeit entsprechend berücksichtigt werden, indem wir einen Umlauf als 389,105° betrachten. Dazu
können wir statt normalem π ein π_* wie folgt einführen:

$$\pi_* = (360 + 29{,}105)\pi / 360 = 3{,}3956 \; rad \; .$$

Dann ist die Kurvenlänge der 29,53-Bahn ermittelbar:

$$ds = rd\theta_*$$

(θ_*: entsprechend zu π_*)

Zudem könnte der Umfang der 29,53-Bahn ganz normal
berechnet werden, wenn er kreisförmig wäre:

$$S_{29,53} = 2\pi_* r_0 \; .$$

III. 2e
Umfang der Mondbahn

Wenn die Mondbahn von dem Rundkreis abgewichen ist, hat sich auch ihr Umfang geändert. Nehmen wir eine Mondbahn in Apogäum–nach–oben-Position als Beispiel für die Berechnung des Mondumfangs.

Bei der Berechnung der Bahngeschwindigkeit haben wir gesehen, dass sich der Mond um eine Strecke Δr in radialer Richtung nach außen bewegt und entlang dieser eine Orbitalgeschwindigkeits-Differenz Δv entsteht. Dabei verringert sich die tangentiale Geschwindigkeit um zweimal Δv. Die die Geschwindigkeits-Verringerung ereignet sich auch auf einer länger zurückgelegten Strecke. Weil die Verringerungen einmal durch radiale und einmal durch tangentiale Bewegung entstanden sind, hat sich auch die zurückgelegte Strecke in zwei Teile gespalten, von denen die eine Hälfte in tangentiale und die andere Hälfte in radiale Richtung reicht. Das heißt, obwohl die tangentiale Geschwindigkeit um das Zweifache von Δv verringert wird, verlängert sich die tangentiale Strecke (Kurvenlänge) nur um die eine Hälfte davon. Die andere Hälfte verläuft in radiale Richtung. Weil die zwei Hälftestrecken in der gleichen Zeit durch eine identische Geschwindigkeit entstanden sind, ist die Länge der zweiten Hälfte gleich (s. Abb. III-2e-01):

$$\Delta s = \Delta r .$$

(s: Kurvenlänge)

Um den Umfang der Mondbahn zu berechnen, ziehen wir zwei Hilfskreise um die Erde mit Radius r_3 und r_7, die dem größten und kleinsten Mondabstand entsprechen. Dabei wird die Mondbahn durch die X-Achse in zwei Teile untergliedert, einen oberen Teil $S13$ und einen unteren Teil $S71$ (s. Abb. III-2e-01). Die Kurvenlänge von $S13$ im oberen Teil ist gleich einem Viertel des r_0-Kreises plus Kronenhöhe l_1, und die Kurvenlänge von $S71$ auf dem unteren Teil entspricht einem Viertel des r_7-Kreises plus l_2:

$$S13 = \tfrac{1}{2}\pi_* r_0 + l_1 \, .$$

$$S71 = \tfrac{1}{2}\pi_* r_7 + l_2 = \tfrac{1}{2}\pi_*(r_0 - l_2) + l_2 \, .$$

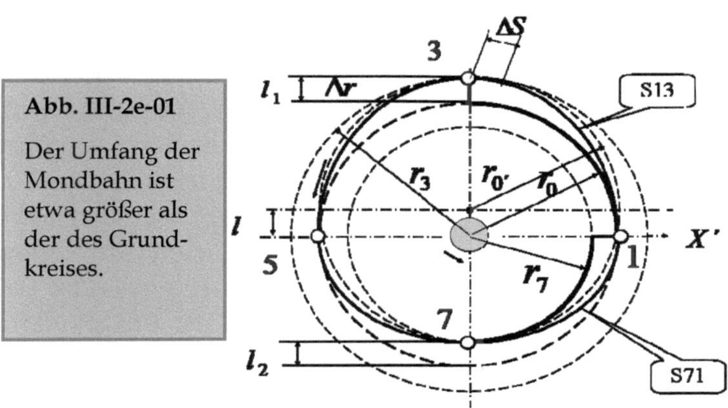

Abb. III-2e-01

Der Umfang der Mondbahn ist etwa größer als der des Grundkreises.

Betrachten wir

$$l = \tfrac{1}{2}(l_1 + l_2) \approx l_1 \approx l_2 \, .$$

Somit beträgt der gesamte Umfang

$$S_{29,53} = 2(S13 + S71) = 2\pi_* r_0 + (4 - \pi_*)l \, , \quad \text{(Gl. III-2d-1)}$$

$$= 26{,}1544 \times 10^8 \, m \, .$$

$$(\,\pi_* = (360 + 29{,}105)\pi / 360 = 3{,}39558 \, ,$$

$$r_0 = 3{,}8321367 \times 10^8 \, m \, ,$$

$$l_1 = 0{,}2148953 \times 10^8 \, m \, , \quad l_2 = 0{,}2150787 \times 10^8 \, m\,)$$

Also ist der Umfang der 29,53-Bahn um $0{,}1297 \times 10^8$ m länger als derjenige der Grundbahn von $26{,}0247 \times 10^8$ m.

III. 2f
Entstehung der Mondbahn

Weil der Mond von den Gravitationsfeldern der Erde und Sonne angetrieben wird, ist er dadurch von seinem ursprünglichen runden Basis-Kreis so abgewichen, dass der

Bahnradius in etwa um die Hälfte der Zeit größer und um die andere Hälfte kleiner als derjenige der Basis-Kreisbahn ist. Das heißt, der Mond läuft etwa in einer Halbzeit außerhalb der Kreisbahn und in einer anderen Halbzeit innerhalb.

Bei der „Umlaufgeschwindigkeit des Mondes" haben wir schon erklärt, dass dieser wegen des Doppelt-Orbitalgeschwindigkeits-Differenz-Effektes um seinen Grundkreis hin und her schwingt. Wenn der Mond zum Beispiel mit einer Geschwindigkeit verläuft, die um Δv schneller als die Orbitalgeschwindigkeit ist, wird er sich nach außen bewegen, bis seine Geschwindigkeit um Δv kleiner als die Orbitalgeschwindigkeit ist, und dann von der Erdgravitation nach innen gezogen. Es stellt sich die Frage, warum seine Bewegung nach außen nicht schon bei jenem Punkt gestoppt wird, an dem seine Geschwindigkeit genau gleich seiner Orbitalgeschwindigkeit, sondern erst bei einer Geschwindigkeit, die um Δv kleiner als die Orbitalgeschwindigkeit ist.

Die Ursache für diese Bahnbewegung liegt darin, dass außer Gravitationen der Sonne und Erde noch ein wichtiger Grund, die Trägheit, Bedeutung erlangt. Wir schauen zuerst, wie jeder einzelne Faktor dabei mitwirkt:

- Einfluss der Erde:

Wenn der Mond mit seiner Orbitalgeschwindigkeit um die Erde kreist, ist seine zentrifugale Kraft so groß wie die Anziehungskraft der Erde, d. h., er läuft auf seinem runden Basis-Kreis. Weil die Mondbahn durch eine Außenkraft von seiner ursprünglichen Rundbahn abgewichen ist, läuft der Mond nicht mehr mit der Orbitalgeschwindigkeit und so entsteht eine Differenz zwischen der Gravitation und der Zentrifugalen:

$$\Delta g = g_E - a_M.$$

(g: Erdgravitation,
a_M: Zentrifugale des Mondes)

Wenn er außerhalb des Grundkreises wandert, ist die Erdgravitation größer als seine Zentrifugale ($\Delta g > 0$) und er wird von der Erde angezogen. Wenn er sich innerhalb des Basis-Kreises befindet ($\Delta g < 0$), wird er nach außen abgestoßen. Das heißt, durch die Erdgravitation wird die Mondbahn immer runder. Die Δg-Pfeile zeigen die durch Erdgravitation verursachte Richtung an (s. Abb. III-2f-01).

- Einfluss der Sonne:

Weil die vom Sonnengravitationsfeld herrührenden Winkelgeschwindigkeiten der Erde und des Mondes, außer am Punkt 1 und 5, nicht gleich sind. Daraus entsteht eine Differenz zwischen ihnen:

$$\Delta\omega = \omega_E - \omega_M$$

(ω_E: Erde-Winkelgeschwindigkeit um die Sonne,
ω_M: Mond-Winkelgeschwindigkeit um die Sonne)

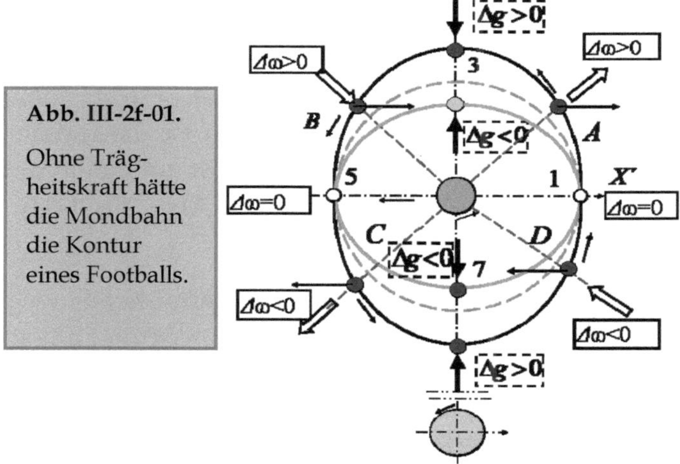

Abb. III-2f-01.

Ohne Trägheitskraft hätte die Mondbahn die Kontur eines Footballs.

Wenn sich der Mond oberhalb der X'-Achse und zwischen Punkt 1 und Punkt 3 befindet, ist seine Winkelgeschwindigkeit um die Sonne kleiner als die der Erde um diese, und somit entsteht eine Bewegung nach rechts. Deren

Komponente in radialer Richtung zieht den Mond nach außen. Weil es am Punkt *1* keinen nach rechts ziehenden Effekt gibt und am Punkt *3* die radiale Komponente gleich null ist, geschieht der größte nach außen ziehende Effekt ungefähr in der Mitte zwischen *P1* und *P3*. Danach findet dieser Vorgang rückwärts statt (von Punkt *3* bis *5*).

Unterhalb der X'-Achse ist es umgekehrt: Wenn er sich von oben nach unten (von Punkt *5* bis *7*) bewegt, ist seine Winkelgeschwindigkeit um die Sonne größer als die der Erde um sie, und auf diese Weise resultiert eine Bewegung nach links. Der daraus entstandene Effekt ist der Gleiche wie oben, nämlich dass die Mondbahn in die Länge gezogen würde. Das heißt, wenn es allein der Einfluss der Sonne wäre, würde die Mondbahn so ausschauen wie die Kontur eines American Footballs (s. Abb. III-2f-01).

- Einfluss der Trägheit:

Wenn der Mond von seiner Rundbahn abweicht, stellt dies eine Überlagerung zweier Bewegungen, einer tangentialen und einer radialen, dar. Die Auswirkung dieser tangentialen Bewegung ist für die Bahnform schon in Δg inbegriffen. Für die Veränderung der Bahnform ist die radiale Bewegung verantwortlich. Dadurch entsteht auch eine radiale Trägheitskraft $f_\otimes$ (die $f_\otimes$-Pfeile in der Abb. III-2f-02), die immer der radialen Kraft entgegenwirkt.

Die radiale Bewegung ist eine Hin-und-her-Bewegung um den Grundkreis, wie eine Pendelbewegung um einen neutralen Punkt. In dieser verharrt der Mond in seinem radialen Geschwindigkeits-Zustand durch seine Trägheit, die immer der einwirkenden Außenkraft entgegensetzt ist. Hier gilt natürlich auch das Prinzip: Um die Geschwindigkeit eines Körpers ändern zu können, egal ob es darum geht, diesen zu beschleunigen oder zu bremsen, benötigt man eine Kraft, die größer als die Trägheit ist. Durch diesen Ef-

fekt verursacht die Hin-und-her-Bewegung den Grundkreis
des Mondes.

- Zusammenspiel der 3 Kräfte:

Durch das Zusammenspiel dieser 3 Kräfte ist die Situation etwas komplizierter geworden. Im Folgenden versuchen
wir den ganzen Prozess Schritt für Schritt zu erklären. Dafür
nehmen wir wieder eine Mondbahn in Form der Apogäum–
nach–oben–Position als Beispiel (s. Abb. III-2f-02).

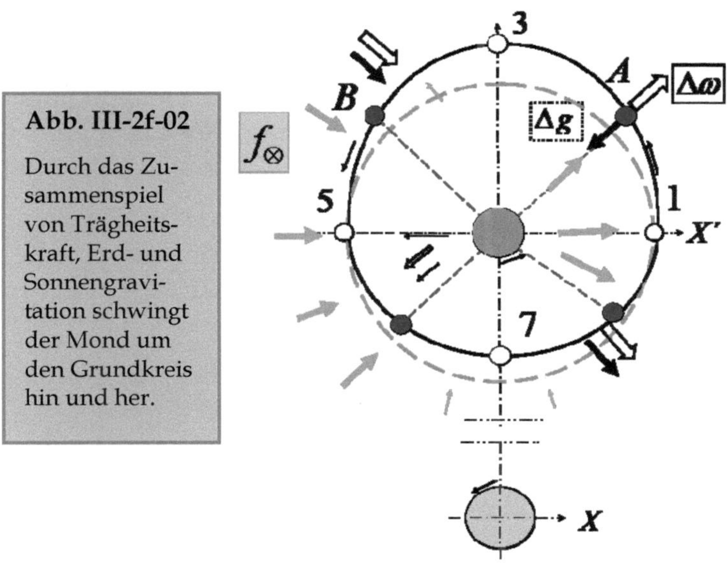

Abb. III-2f-02

Durch das Zu-
sammenspiel
von Trägheits-
kraft, Erd- und
Sonnengravi-
tation schwingt
der Mond um
den Grundkreis
hin und her.

Wenn der Mond von Punkt *1* des Erdgravitationsfeldes
nach oben angetrieben wird, weil er sich dadurch von der
Sonne entfernt, verlangsamt sich seine Umlaufgeschwindigkeit um die Sonne und entfernt er sich von der Erde.
Damit verlangsamt sich auch seine Geschwindigkeit um die
Erde. Dieser durch den Sonneneinfluss entstandene Prozess
erreicht etwa in der Mitte zwischen *P1* und *P3* seinen höchsten Punkt. Danach lässt er nach. Die Trägheit und Erdgravitation wirken zuerst gegen diese radiale Nach-außen-
Bewegung, bis zu jenem Punkt, an dem die radiale maximale Geschwindigkeit erreicht ist. Dann verharrt die Trägheit

in dieser höchsten Geschwindigkeit. Durch Vergrößerung des Abstands zur Erde und Verlangsamung der tangentialen Geschwindigkeit wird die Anziehungskraft der Erde immer größer und der Einfluss der Sonne immer kleiner. Wenn die Erdgravitation die Trägheitskraft übersteigt, wird diese Bewegung gedrosselt. Dadurch wird sich die radiale Geschwindigkeit verlangsamen und sich auch die Trägheitskraft reduzieren.

Am Punkt *3* befindet sich der Mond jetzt in den folgenden Situationen:

- Seine Umlaufgeschwindigkeit um die Erde ist kleiner als die Orbitalgeschwindigkeit. Daher ist die Erdgravitation größer als die zentrifugale Beschleunigung und so entsteht zwischen ihnen eine Differenzbeschleunigung $\Delta g > 0$, die den Mond nach innen zieht.

- Die Winkelgeschwindigkeits-Differenz ist zwar größer als null ($\Delta \omega > 0$). Aber weil ihre Komponente in radialer Richtung gleich null ist, hat sie keinen Einfluss auf die radiale Bewegung.

- Da die radiale Geschwindigkeit jetzt gleich null ist, beträgt auch die radiale Trägheit null.

Δg und $\Delta \omega$ können als antreibende Kräfte betrachtet werden (der Trägheitsregel nach sind bei maximaler Geschwindigkeit Kraft und Geschwindigkeit paritätisch).

Nach Punkt 3 wird der Mond von diesen zwei Seiten (Δg und $\Delta \omega$) nach innen beschleunigt. Diesen entgegen gerichtet entsteht auch eine Trägheitskraft. Weil Δg am Anfang am größten ist und immer kleiner wird sowie $\Delta \omega$ zwischen *P3* und *P5* am größten und danach ebenfalls stetig geringer wird, während die Trägheit mit der steigenden Geschwindigkeit permanent wächst, erreicht der Mond irgendwann seine maximale radiale Geschwindigkeit. In dieser maximalen Geschwindigkeit verharrt er mit der Trägheit. Danach werden die antreibenden Kräfte immer kleiner und der

Mond läuft mit dieser maximalen Geschwindigkeit unbeirrt weiter radial nach innen.

Am Punkt 5 sind Δg und $\Delta \omega$ gleich null, somit kommt der Mond problemlos durch Punkt 5 und läuft radial weiter ins Innere des Grundkreises, wie ein Pendel den tiefsten Punkt durchläuft.

Unterhalb des Punktes 5 fangen Δg und $\Delta \omega$ wieder von null an zu steigen. Dieses Mal wirken sie der Trägheit entgegen. Aber solange sie beim Anfang noch kleiner als die Trägheit sind, haben sie keinen Einfluss auf die Bewegung des Mondes. Erst nachdem sie die Trägheit überwunden haben, wird die radiale Mondgeschwindigkeit gebremst. An dem Punkt 7 wird die radiale Trägheitskraft völlig erschöpft und die radiale Geschwindigkeit wieder auf null reduziert.

Am Punkt 7 gerät der Mond wieder in eine Situation, die ähnlich wie bei Punkt 3, aber umgekehrt ist. Jetzt sind die antreibenden Kräfte am Maximum:

- Seine Umlaufgeschwindigkeit um die Erde ist größer als die Orbitalgeschwindigkeit. Damit ist die Erdgravitation kleiner als die zentrifugale Beschleunigung und so entsteht zwischen ihnen eine Differenzbeschleunigung $\Delta g < 0$, mit der der Mond nach außen abgestoßen wird.

- Jetzt gilt zwar $\Delta \omega < 0$, aber ihre Komponente in radialer Richtung ist gleich null. Dieser Minuswert wird sich bei weiterer Bewegung reduzieren. Dadurch entsteht zum einen ein nach außen ziehender Effekt und die Antriebe verstärken sich nach außen zusätzlich.

- Da die radiale Geschwindigkeit jetzt null beträgt, ist auch die radiale Trägheit gleich null.

Von Punkt 7 bis 1 findet eine Rückwärtsbewegung der vorherigen statt. Nach Punkt 7 wird der Mond in radialer Richtung nach außen beschleunigt. Dadurch steht er auch der Trägheit entgegen. Irgendwann ist die Trägheit wieder so groß wie die antreibende Kraft und danach bleibt die

Geschwindigkeit auf ihrem Maximum. Dann läuft der Mond mit dieser beharrenden Geschwindigkeit weiter nach außen bis zu Punkt *1*.

Nachdem der Mond einmal um die Erde gelaufen und wieder auf Anfangsposition Punkt *1* zurückgekehrt ist, besetzt er jetzt eine mit der Trägheitskraft verharrende radiale Geschwindigkeit und durchquert den Punkt *1* problemlos, wie bereits bei Punkt *5*, aber nach außen. Jetzt wirkt die Δg gegen $\Delta \omega$, wie zu Beginn. Und $\Delta \omega$ wirkt nach außen ebenso wie die Trägheit. Aber solange $\Delta \omega$ noch kleiner als die Trägheit ist, hat sie keinen Einfluss auf die radiale Bewegung und diese ist nach Punkt *1* jetzt allein durch die Trägheit erfolgt. Nur wenn der Mond seine von $\Delta \omega$ angetriebene Position wie zu Beginn nicht erreichen könnte, wird diese Kraft noch gebraucht. Und diese vorherige Position konnte deshalb nicht erreicht werden, weil die Energie der vorhergehenden Bewegung gedämpft ist wie eine gedämpfte Schwingung. $\Delta \omega$ spielt jetzt nur eine Rolle als Nachschub für Energie. Das ist natürlich auch notwendig, damit dieser Prozess ewig so laufen kann. Wenn der Mond sich weiter nach außen bewegt, vergrößert sich die Kraft Δg bis auf jenen Punkt, an dem sie sich mit der Trägheit ausgleicht. Danach wird die Trägheit immer kleiner, bis sie an Punkt *3* auf null reduziert ist.

Wenn das Gravitationsfeld der Sonne für den Mond jetzt verschwände, dann wäre die Hin-und-her-Bewegung des Mondes allein durch gegenseitige Wirkung zwischen Erdgravitation und Trägheit entstanden. Wie ein Pendel zum Stillstand kommen wird, hört auch die Hin-und-her-Bewegung des Mondes langsam auf, bis dessen Bahn letztendlich wieder zu seiner ursprünglichen Kreisbahn wird.

Infolgedessen ist die schwingungsartige Mondbewegung hauptsächlich daraus entstanden, dass Erdgravitation und Trägheit einander wechselwirken. Die Hauptfunktion des Sonnengravitationsfeldes besteht nur darin, dass die Hin-und-her-Bewegung des Mondes gestartet ist und danach die benötige Energie liefert. Auch die Frage, wann und wo der weiteste Punkt bzw. naheste Punkt des Mondes die Erde erreicht hat, bestimmt sich nicht durch das Sonnengravitationsfeld, sondern dadurch, wann und wo die Trägheitskraft an ihren Nullpunkt gelangt. Dadurch wird es ermöglicht, dass sich das Perigäum ständig wandelt.

III. 2g
Die vereinfachte Mondbahn

Die Gleichung Gl. III-2a-2, mit der die Mondbahn zu berechnen ist, ist nicht gerade einfach. Wir haben zum Glück nur einen einzigen Mond, und daher ist es noch relativ einfach, die Mondbahn mit dieser Gleichung zu ermitteln. Sonst wäre es viel komplizierter. Außerdem könnte es auch Außenkräfte geben, mit denen wir uns gar nicht auskennen. Dann ist es fast unmöglich, diese Gleichung zu berechnen.

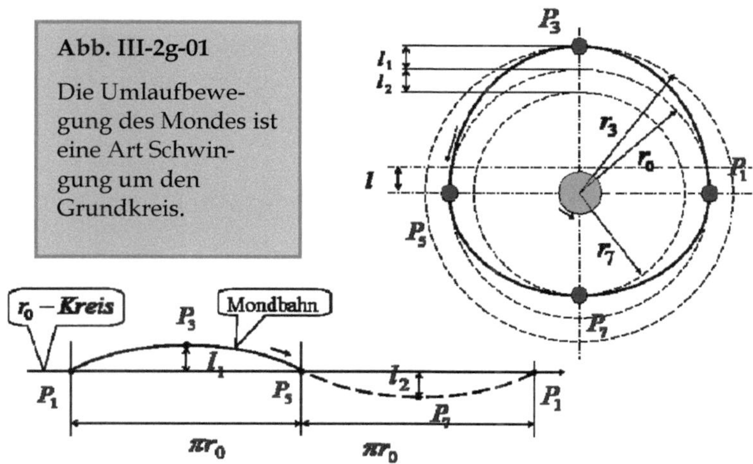

Wir haben gesehen, dass der Mondumlauf eine Art Schwingung ist, bei welcher der Trabant um den neutralen r_0-Kreis (Grundkreis) hin und her schwingt (s. die obere Grafik in Abb. III-2g-01.). Wenn wir die Mondbahn abgeschnitten und den r_0-Kreis auf eine gerade Linie gestreckt hätten, hätte diese so ausgesehen wie die untere Darstellung in Abb. III-2g-01.

Weil die Mondbahn die Kontur eines Exzenters besitzt, haben wir durch die Abstände des Perigäums und Apogäums schon fast alle wichtigen Bahndaten bekommen, wie etwa den Radius des Grundkreises r_0 und die exzentrische Länge l:

$$r_0 \approx \tfrac{1}{2}(r_3 + r_7),$$

$$l \approx \tfrac{1}{2}(r_3 - r_7).$$

(r_3 : Apogäum,
$\quad r_7$: Perigäum)

Der Radius der Bahn kann annähernd so ausgedrückt werden:

$$r(\theta) = r_0 + l \sin^{n/m} \theta. \qquad \text{(Gl. III-2g-1)}$$

(n, m : natürliche Zahlen)

Nehmen wir $n/m = 2$ an, so liegt die Abweichung zwischen dem Ergebnis aus dieser Gleichung und demjenigen aus Gleichung von Gl. III-2a-2 in der Größenordnung von ca. 10^{-6}.

Damit kann die Mondbahn wie folgt vereinfacht werden:

$$r(\theta) = r_0 + l \sin^2 \theta. \qquad \text{(Gl. III-2g-2)}$$

III. 2h
Die gekoppelte Mondrotation ist kein Zufall

Damit sich ein Körper im Gravitationsfeld eines anderen drehen kann, muss er so viel Drehkraft besitzen, dass diese $2/\pi$-fach stärker als die des Gravitationsfeldes ist. Aus diesem Prinzip heraus kann hinsichtlich der Mondrotation erklärt werden, warum sich der Mond exakt genau eine Runde um sich dreht, wenn er einmal um die Erde läuft. Das kann doch kein Zufall sein.

Die Drehkraft des Mondes ist wie bei allen Körpern im Sonnensystem gleich der Ur-Beschleunigung des Sonnensystems und sie beträgt, wie geschätzt, ca.

$$4,8 \times 10^{-3} \, m/s^2 .$$

Der Mond befindet sich hierbei in zwei Gravitationsfeldern, einem der Erde und einem der Sonne, die er überwinden muss. Das schwächste Erdgravitationsfeld in Richtung Mond befindet sich am fernsten Punkt der Mondbahn und beträgt ca.

$$g_{*-Erde} = \frac{mG}{r^2} = 2,4343 \times 10^{-3} \, m/s^2 .$$

(r: größte Entfernung Mond/Erde)

Das schwächste Sonnengravitationsfeld zum Mond umfasst ca.

$$g_{*-Sonne} = \frac{MG}{R^2} = 5,8974 \times 10^{-3} \, m/s^2 .$$

(R: größte Entfernung Mond/Sonne)

Um sich in diesen zwei Gravitationsfeldern drehen zu können, muss der Mond mindestens folgende Drehkraft besitzen:

$$\frac{2}{\pi}(5,8974 \times 10^{-3} + 2,4343 \times 10^{-3}) = 5,3041 \times 10^{-3} \, m/s^2 .$$

Also ist der Mond mit seiner eigenen Drehkraft von $4,8 \times 10^{-3} \, m/s^2$ nicht in der Lage, sich in den beiden Gravitationsfeldern zu drehen, wohl aber in jedem einzelnen. Darum müssen wir zuerst schauen, wie ein Körper sich in zwei Gravitationsfeldern dreht.

Wie in der Abb. III-2h-01 illustriert, ist die Erde um die Sonne von Position *A1* zu *A2* gelaufen und der Mond hat sich von *B1* zu *B2* bewegt. Dabei hat sich die Richtung der

Mondachse in der Sonne-Mond-Erde-Position nicht geändert und der Mond sich den Gravitationsfeldern der beiden gegenüber nicht gedreht. Daher hat er auch keine Drehkraft gebraucht.

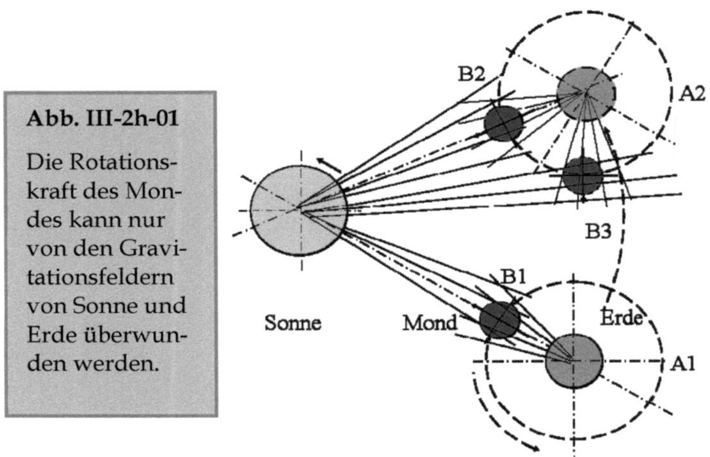

Abb. III-2h-01

Die Rotationskraft des Mondes kann nur von den Gravitationsfeldern von Sonne und Erde überwunden werden.

Wenn aber der Mond von *B1* zu *B3* um die Erde gelaufen ist und dabei sich seine Achsrichtung zur Erde nicht änderte, hat er sich in dem Gravitationsfeld der Erde nicht gedreht, wohl aber in dem der Sonne. Das heißt, er hat das Sonnengravitationsfeld überwunden, dabei aber einiges an Kraft verbraucht, wovon noch eine Restkraft verbleibt in folgender Höhe:

$$4{,}8 \times 10^{-3} - \frac{2}{\pi}(5{,}8974 \times 10^{-3}) = 1{,}05 \times 10^{-3}\, m/s^2 \,.$$

Mit dieser Restkraft ist er nicht mehr in der Lage, das Gravitationsfeld der Erde zu brechen. Also er wird an dem Erdgravitationsfeld gestoppt wie an einem Anschlagstopper. Das ist der wahre Grund, warum der Mond immer sein gleiches Gesicht zur Erde zeigt, eine sogenannte gekoppelte Rotation: Weil es anderenfalls nicht möglich ist, das Erdgravitationsfeld zu durchbrechen, ohne das Sonnengravitationsfeld zu überwinden.

III. 2i
Der wahre Grund der Gezeiten

Die Gezeiten, der Wasserspiegel im Ozean mit seinen Auf- und Ab-Bewegungen, ist ohne Zweifel durch den Mond wie auch die Sonne von zwei Seiten verursacht. Dabei sollte man nicht vergessen, dass für zwei umeinander laufende Körper die Anziehungskräfte zueinander grundsätzlich gleich null sind. Also können die Gezeiten nicht mit den Anziehungskräften erklärt werden.

Auch die sogenannte Gezeitenkraft etwa, welche die Differenz der Sonnengravitation zwischen der Sonnenzugewandten und -abgewandten Seite auf der Erde ist, hat nur eine Beschleunigung in der Größenordnung von 10^{-7} m/s² gegenüber der Erdgravitation von 9,81 m/s² und ist daher ebenfalls viel zu klein, um den Meeresspiegel nennenswert anheben zu können.

Auch die durch Erdrotation entstandene zentrifugale Kraft, die jederzeit und überall gleich groß ist, verursacht keine Gezeiten.

Aber was ist der wahre Grund für die Gezeiten?

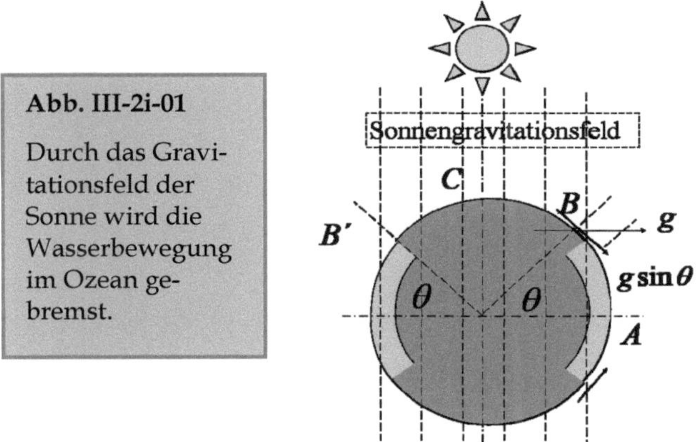

Abb. III-2i-01

Durch das Gravitationsfeld der Sonne wird die Wasserbewegung im Ozean gebremst.

Wie gesagt, muss ein Körper, um im Gravitationsfeld eines anderen rotieren zu können, dieses zuerst überwinden. Bei „Widerstand des Gravitationsfeldes" haben wir schon erklärt, dass die Rotationsbewegung des Gravitationsfeldes eines anderen gebremst wird. Diese Bremsung passiert nur, wenn das bewegte Masseteilchen die Gravitationsfeldlinie durchschneidet. Wenn die Bewegungsrichtung eines Masseteilchens sich parallel zur Gravitationslinie der Sonne richtet, wird dieses Teilchen nicht gebremst, wie zum Beispiel dann, wenn die Wassermasse sich bei Punkt A befindet (s. Abb. III-2i-01).

Die Kraft des Sonnengravitationsfeldes beträgt $g = 5{,}93 \times 10^{-3}$ m/s². Ihre Komponente in tangentialer Richtung ist $g\ sin\theta$. Nur wenn diese größer als die Erdrotationskraft von $4{,}8 \times 10^{-3}$ m/s² ist, wird die Bewegung des Wassers behindert und dieses im Uhrzeigersinn beschleunigt. Das heißt, es wird erst beschleunigt, wenn das Wasser etwa bei Punkt B mit dem Winkel θ liegt:

$$\theta = \arcsin(4{,}8\,/\,5{,}93) = 54° = 0{,}94 rad\,,$$

und zwar mit einer überschüssigen Kraft von

$$\Delta g = g \sin\theta - 4{,}8 \times 10^{-3}\,.$$

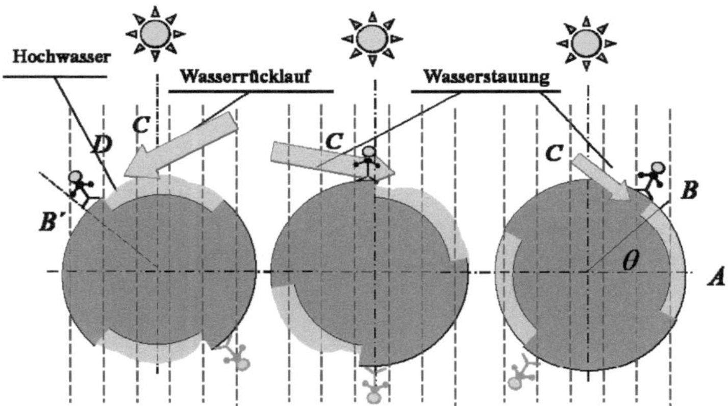

Abb. III-2i-02

Das Hochwasser an der Ostküste kommt erst, wenn das angestaute Wasser zurückfließt.

Wenn die Erde sich weiter ca. 36° gedreht hat und das Wasser von Punkt B zu C gelaufen ist (s. Abb. III-2i-02), könnte die Geschwindigkeit des Wassers relativ zur Erdrotation beschleunigt werden auf ca.

$$v_C = \int \Delta g dt$$

$$= \frac{24 \times 3600}{2\pi} \int_{0,94}^{\frac{\pi}{2}} (g \sin\theta - 4,8 \times 10^{-3}) d\theta = 6,7\, m/s = 24,3\, km/st \,.$$

$$(\frac{at}{a\theta} = \frac{24 \times 3600}{2\pi})$$

Also wird das Wasser in Uhrzeigerrichtung angetrieben und seine Geschwindigkeit könnte theoretisch 24,3 *km/st* betragen. Weil das Wasser aber nicht nach rechts durchfließen kann, wird es in diese Richtung angestaut und somit kommt es zu Hochwasser an der Westküste und Niedrigwasser an der Ostküste.

Nach Punkt C wird die antreibende Kraft Δg immer kleiner. Und auf Punkt B' wird die Erdrotationskraft vom Gravitationsfeld der Sonne wieder ausgeglichen. Das heißt, das Wasser müsste eigentlich erst nach Punkt B' zurücklaufen. Weil aber das angestaute Wasser ein Rücklaufpotenzial besitzt, wird es an Punkt D, etwa zwischen C und B', zurücklaufen. Dann steigt der Wasserspiegel an der Ostküste wieder.

Weil das Sonnengravitationsfeld an beiden Seiten der Erde fast gleich stark ist, ereignen sich die Gezeiten auf der anderen Seite der Erde deshalb auch fast zur gleichen Zeit.

Das Gravitationsfeld des Mondes zur Erde beträgt indessen ca.

$$g_M = 3,34 \times 10^{-5}\, m/s^2 \,.$$

Mit diesem allein kann es das Wasser auf der Erde kaum beeinflussen, zum Beispiel an Punkt A, an dem die Erdrotation ihre voll Kraft entfaltet. Nur mit dem Sonnengravitationsfeld zusammen hat sie auch nur geringfügig zu den Gezeiten auf der Erde beigetragen. So hat zum Beispiel am Punkt C, an dem die Erdrotationskraft voll erschöpft ist, der Mond die Gezeiten mitbestimmt.

Jedoch beeinflusst der Mond in verschiedener Weise die Gezeiten, je nachdem, wo er sich befindet. Steht der Mond zum Beispiel auf der Position D (s. Abb. III-2i-03), wird das Rückfließen des Wassers verhindert, dadurch wiederum das Rückfließen des Wassers verzögert und möglicherweise auch damit verstärkt.

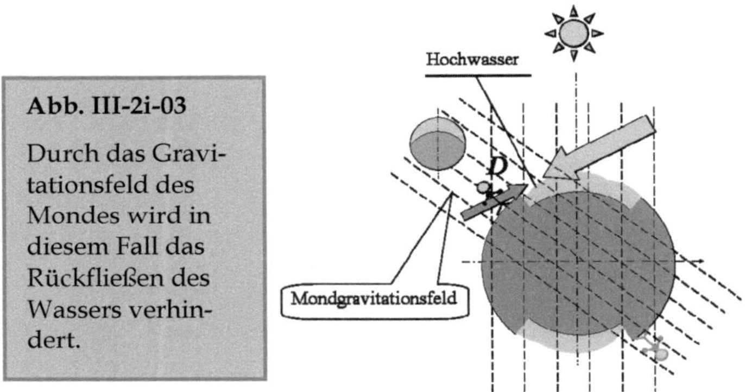

Abb. III-2i-03

Durch das Gravitationsfeld des Mondes wird in diesem Fall das Rückfließen des Wassers verhindert.

Einfach ausgedrückt, sind die Gezeiten durch Erdrotation im Gravitationsfeld der Sonne und des Mondes entstanden.

Man könnte sagen, das Wasser auf der Erdoberfläche läuft doch mit einer Geschwindigkeit von ca. 465 m/s, deren Trägheit misst ca.

$$a_{\otimes r_0} = 465^2 / 6{,}37 \times 10^6 = 3{,}39 \times 10^{-2}\, m/s^2\,,$$

und ist somit viel größer als die Gravitationsfelder von Sonne und Mond zusammen. Es hätte dadurch gar nichts passieren können.

Die Wahrheit ist aber, dass die Trägheit antiproportional zum Abstand zur Außenkraft ist. Daher sind diese Trägheitskräfte zur Sonne und zum Mond wie folgt definiert:

$$a_{\otimes rR} = v^2 / R = 1{.}45 \times 10^{-7}\, m/s^2\,,$$

$$a_{\otimes rr} = v^2 / r = 5.64 \times 10^{-4}\, m/s^2.$$

(R: Abstand Erde/Sonne, r: Abstand Mond/Erde)

Abb. III-2i-04

Die Erdrotationsträgheit gegen unterschiedliche Außenkräfte ist unterschiedlich stark.

Also ist Geschwindigkeit nicht gleich Geschwindigkeit. Diese Kräfte hätten zur Rotationskraft der Erde hinzugefügt werden sollen. Sie fallen aber kaum ins Gewicht und können daher vernachlässigt werden (s. Abb. III-2i-04).

III. 2j
Lagrange-Punkte neu berechnen

Die sogenannten Lagrange-Punkte sind diejenigen, auf denen ein leichter Körper ohne eigene Kraft in einem System zweier sich gegenseitig umlaufender Körper ruhen kann. Nach bisheriger Auffassung darf der dritte Körper nur eine verschwindend geringe Masse besitzen, während wir jetzt wissen, dass die Geschwindigkeit des angetriebenen Körpers im Prinzip nichts mit seiner Masse zu tun hat. Daher ist diese Beschränkung, dass der dritte Körper nur eine verschwindend geringe Masse besitzen darf, zu vernachlässigen. Jedoch müssen die beiden Hauptkörper ausreichend rotieren. Wir werden hier zum Zweck der Mondbahnuntersuchung hauptsächlich den Mond als dritten Körper nehmen, um die Lagrange-Punkte neu zu berechnen. In der Abb. III-2j-01 sind die 5 Lagrange-Punkte ($L1$ bis $L5$) eingezeichnet.

Das Prinzip der Lagrange-Punkte besteht darin, dass an jedem dieser Punkte die Winkelgeschwindigkeit des Mondes um die Sonne so groß wie die der Erde um Letztere ist.

Weil wir schon wissen, wie die Geschwindigkeit des Mondes entstanden ist, kann dieses Problem leicht gelöst werden.

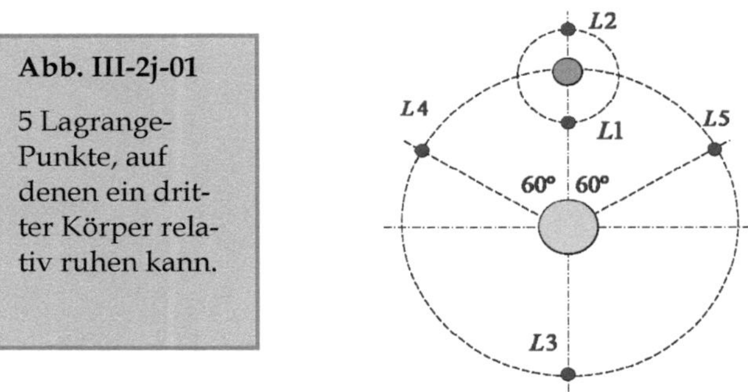

Abb. III-2j-01

5 Lagrange-Punkte, auf denen ein dritter Körper relativ ruhen kann.

- *L2*:

Der Lagrange-Punkt *L2* ist ein Punkt, der sich auf der verlängerten Linie zwischen Sonne und Erde befindet (s. Abb. III-2j-02).

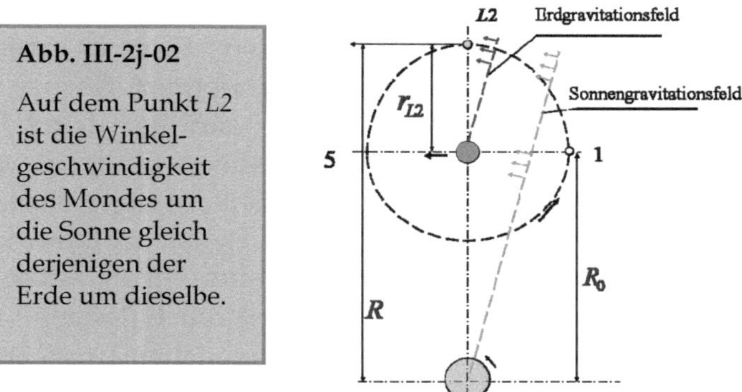

Abb. III-2j-02

Auf dem Punkt *L2* ist die Winkelgeschwindigkeit des Mondes um die Sonne gleich derjenigen der Erde um dieselbe.

Wenn der Mond auf *L2* ruht, bedeutet dies, dass die Winkelgeschwindigkeit des Mondes um die Sonne gleich derjenigen der Erde um dieselbe ist. Und die Winkelgeschwindigkeit des Mondes um die Sonne ist aus zwei Kräften, dem Sonnen- und dem Erd-Gravitationsfeld, entstanden. Sie berechnet sich so:

$$\omega_R = \frac{1}{R_0 + r_{L2}} \sqrt{\frac{MG}{R_0 + r_{L2}}} \quad \text{und} \quad \omega_r = \frac{1}{R_0 + r_{L2}} \sqrt{\frac{mG}{r_{L2}}} \, .$$

Die Winkelgeschwindigkeit der Erde um die Sonne ergibt sich zu

$$\omega_{R0} = \frac{1}{R_0} \sqrt{\frac{MG}{R_0}} \, .$$

Da $\omega_{R0} = \omega_R + \omega_r$ gilt, haben wir folgende Gleichung:

$$\sqrt{\frac{MG}{R_0 + r_{L2}}} + \sqrt{\frac{mG}{r_{L2}}} = \frac{R_0 + r_{L2}}{R_0} \sqrt{\frac{MG}{R_0}} \, .$$

(M: Sonnenmasse,

m: Erdmasse,

G: Gravitationskonstante,

R_0: Abstand Erde/Sonne)

Löst man diese Gleichung nach r_{L2} auf (mit Microsoft Mathematics), so ergibt sich

$$r_{L2} \approx 1{,}65 \times 10^9 \, m \, .$$

Das ist etwas mehr als das von Lagrange berechnete von $1{,}5 \times 10^9 \, m$.

- L1:

Für *L1* (s. Abb. III-2j-03) sind die Winkelgeschwindigkeiten des Mondes um die Sonne und um die Erde gleich

$$\omega_R = \frac{1}{R_0 - r_{L1}} \sqrt{\frac{MG}{R_0 - r_{L1}}} \quad \text{und} \quad \omega_r = \frac{-1}{R_0 - r_{L1}} \sqrt{\frac{mG}{r_{L1}}} \, .$$

Dabei ist die der Erde um die Sonne immer dieselbe:

$$\omega_{R0} = \frac{1}{R_0} \sqrt{\frac{MG}{R_0}} \, .$$

Da $\omega_{R0} = \omega_R + \omega_r$ ist, haben wir folgende Gleichung:

$$\sqrt{\frac{MG}{R_0 - r_{L1}}} - \sqrt{\frac{mG}{r_{L1}}} = \frac{R_0 - r_{L2}}{R_0}\sqrt{\frac{MG}{R_0}} \; .$$

Nach deren Auflösung erhalten wir die Strecke zu *L1*:

$$r_{L1} \approx 1{,}644 \times 10^9\, m \; .$$

Des Weiteren ist der von Lagrange berechnete Punkt *L1* auch gleich $1{,}5 \times 10^9\, m$.

Von der Mondbahn wissen wir: Wenn der Mond in natürlicher Weise seinen weitesten Punkt erreicht, sind seine Geschwindigkeiten um die Erde und die Sonne von der jeweiligen Orbitalgeschwindigkeit abgewichen. Wenn er also dorthin gelangt, ist seine Geschwindigkeit nicht die, die bei der Berechnung angenommen wurde und mit der er dort ruhen kann. Auch wenn man einen Satelliten mit entsprechender Geschwindigkeit künstlich dorthin gebracht hat, kann dieser dort trotzdem nicht stabil bleiben. Es ist so, als wolle man eine Kugel auf den Pol eines Balles stellen. Theoretisch kann sie dort ruhen, aber wenn eine leichte Erschütterung eintritt, wird sie sich immer weiter davon entfernen.

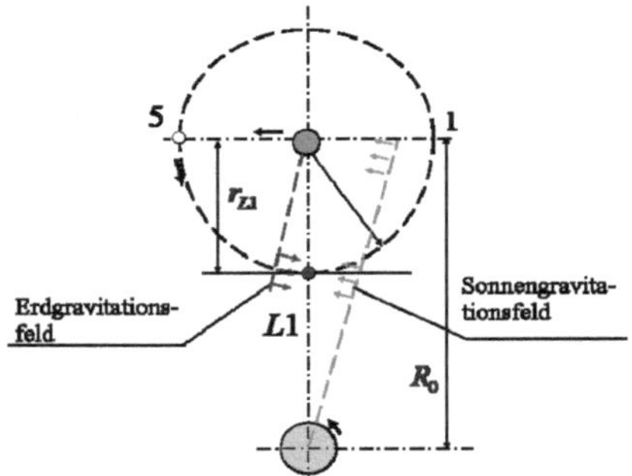

Abb. III-2j-03.

Auf dem Lagrange-Punkt *L1* ist die Winkelgeschwindigkeit des Mondes um die Sonne so groß wie die der Erde um die Sonne.

- *L3*:

Stellen Sie sich vor, es befindet sich ein Körper, der exakt demjenigen der Erde entspricht, jenseits der Sonne mit gleichem Abstand zu dieser wie der tatsächliche. Dann wird die zweite Erde von der Sonne im gleichen Maß angetrieben wie die echte Erde. Beide Erden treiben sich auch einander in gleichem Maß an. Dann kann die zweite Erde dort relativ zur Sonne und zur echten Erde ruhen (s. Abb. III-2h-04). Der Lagrange-Punkt *L3* wäre dann genau der Punkt, wo die zweite Erde stünde.

Es ändert sich zweifellos der Punkt *L3*, wenn der dritte Körper generell kleiner als die Erde ist, wie etwa der Mond. Angenommen wird der Abstand zwischen *L3* und Sonnenmitte R_{L3}. Damit der Mond auf *L3* ruhen kann, muss seine Winkelgeschwindigkeit um die Sonne so groß wie die der Erde um dieselbe sein.

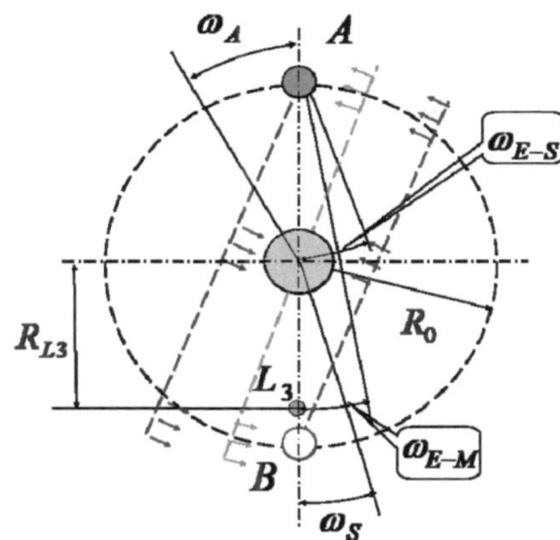

Abb. III-2j-04

Wenn auf zwei symmetrischen Punkten *A* und *B* zwei gleiche Körper, z. B. zwei Erden, liegen, dann ruhen die beiden absolut zueinander.

Die von der Sonne angetriebene Winkelgeschwindigkeit des Mondes um die Sonne lautet

$$\omega_S = \frac{1}{R_{L3}} \sqrt{\frac{MG}{R_{L3}}}.$$

Weil der Mond und die Sonne beide von der Erde angetrieben werden, berechnet sich die von der Erde bewirkte Winkelgeschwindigkeit des Mondes um sie zu

$$\omega_{E-M} = \frac{1}{R_0 + R_{L3}} \sqrt{\frac{mG}{R_0 + R_{L3}}}.$$

Die von der Erde angetriebene Winkelgeschwindigkeit der Sonne um die Erde ist somit

$$\omega_{E-S} = \frac{1}{R_0}\sqrt{\frac{mG}{R_0}}\,.$$

Die dadurch entstandene Winkelgeschwindigkeit der Sonne um die Erde ist größer als die des Mondes um dieselbe. Aus der Sicht der Sonne ist die Winkelgeschwindigkeit der Erde um die Sonne um eine Differenz $\Delta\omega$ größer als die des Mondes um die Sonne:

$$\Delta\omega = \frac{1}{R_0}\sqrt{\frac{mG}{R_0}} - \frac{R_0 + R_{L3}}{(R_0 + R_{L3})R_{L3}}\sqrt{\frac{mG}{R_0 + R_{L3}}}$$

$$= \frac{1}{R_0}\sqrt{\frac{mG}{R_0}} - \frac{1}{R_{L3}}\sqrt{\frac{mG}{R_0 + R_{L3}}})\,.$$

Die von Sonnengravitationsfeld erbrachte Winkelgeschwindigkeit der Erde am Punkt A um die Sonne ist dann

$$\omega_A = \frac{1}{R_0}\sqrt{\frac{MG}{R_0}}\,.$$

Wenn Erde und Mond mit identischer Winkelgeschwindigkeit um die Sonne laufen, ist die vom Sonnengravitationsfeld erbrachte Winkelgeschwindigkeit der Erde (ω_A) so groß wie die vom Sonnengravitationsfeld erbrachte Winkelgeschwindigkeit des Mondes (ω_S) minus der Differenz ($\Delta\omega$):

$$\omega_A = \omega_S - \Delta\omega\,.$$

Also gilt:

$$\frac{1}{R_0}\sqrt{\frac{MG}{R_0}} = \frac{1}{R_{L3}}(\sqrt{\frac{MG}{R_{L3}}} + \sqrt{\frac{mG}{R_0 + R_{L3}}} - \sqrt{\frac{mG}{R_0}})\,.$$

(M: Sonnenmasse, m: Erdmasse,
 G: Gravitationskonstante)

Nach Umstellung dieser Gleichung erhalten wir

$$\sqrt{\frac{MG}{R_{L3}}} + \sqrt{\frac{mG}{R_0 + R_{L3}}} - \sqrt{\frac{mG}{R_0}} = \frac{R_{L3}}{R_0}\sqrt{\frac{MG}{R_0}} \, .$$

Löst man diese Gleichung nach R_{L3} auf, ergibt sich

$$R_{L3} = 1{,}4954342 \times 10^{11} \, m \, .$$

Also befindet sich $L3$ um

$$1{,}4959404 \times 10^{11} - 1{,}4954342 \times 10^{11} \approx 5 \times 10^{7} \, m = 50000 \, km$$

näher als der symmetrische Punkt der Erde jenseits der Sonne. Dabei haben wir den Mond als einen nicht rotierenden Körper betrachtet. In Wirklichkeit müsste er auf dieser Position schon rotieren können.

(Zum Vergleich ist der von Lagrange berechnete Punkt $L3$ etwa 190 km weiter weg als die Erde)

- $L4$ und $L5$:

Interessant sind die Lagrange-Punkte $L4$ und $L5$.

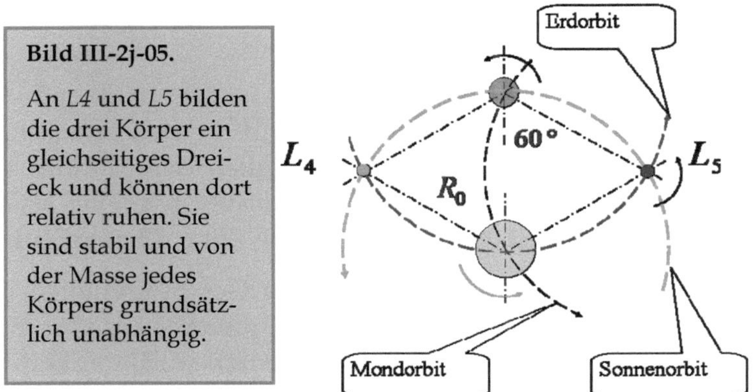

Wenn der Mond sich auf einem der Lagrange-Punkte $L4$ und $L5$ befindet, haben Mond, Erde und Sonne ein gleichseitiges Dreieck gebildet (s. Abb. III-2h-05) und der Abstand zwischen einem und jedem anderen beträgt R_0, also so lang wie die Strecke zwischen Erde und Sonne.

In diesen Positionen laufen Mond und Erde auf dem gleichen Orbit und mit gleicher Geschwindigkeit um die Sonne:

$$v_{um-Sonne} = \sqrt{MG / R_0} = 2,9784 \times 10^4 \, m/s \, .$$

Sonne und Mond werden vom Gravitationsfeld der Erde angetrieben und laufen mit gleicher Geschwindigkeit um die Erde:

$$v_{um-Erde} = \sqrt{mG / R_0} = 51,6 \, m/s \, .$$

Also kann der Mond auf jedem der zwei Punkte ruhen. Ist er aber stabil?

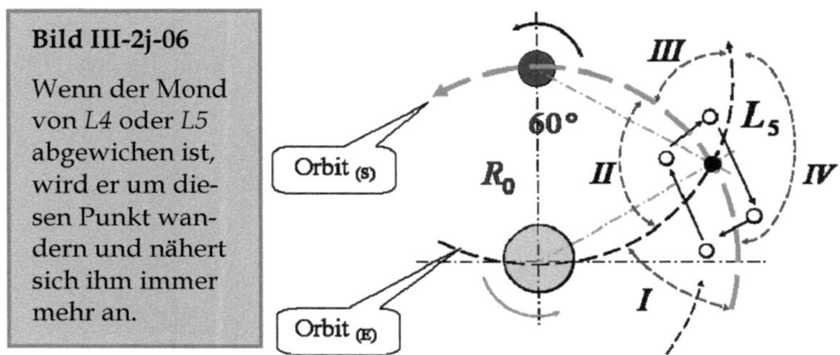

Wenn der Mond aus irgendeinem Grund von dem Punkt *L5* etwas abgewichen ist, rutscht er z.B. in die Zone *I* ab (s. Abb. III-2j-06). Weil die Geschwindigkeit des Mondes um die Sonne dort, innerhalb des Sonnenorbits, schneller als die der Erde um dieselbe ist, wird er in die Zone *II* beschleunigt.

In der Zone *II* wird er, weil seine Geschwindigkeit um die Erde größer als die der Sonne um dieselbe ist, vom Erdgravitationsfeld in die Zone *III* angetrieben, die außerhalb des Sonnenorbits liegt.

In der Zone *III* ist seine Geschwindigkeit um die Sonne kleiner als die der Erde um sie und somit wird er sich rückwärts in die Zone *IV* bewegen.

In der Zone *IV* ist seine Geschwindigkeit um die Erde kleiner als die der Sonne um Letztere und daher wird er wieder in die Zone *I* gelangen. So kreist er um *L5* und nähert sich diesem immer mehr an.

Also ist *L5* bzw. *L4* ein stabiler Ruhepunkt, den der Mond auch auf natürliche Weise erreichen kann.

Auf *L5* ist der Mond schon so weit von der Erde entfernt, dass deren Gravitationswirkung auf ihn so klein geworden ist, dass man sie vernachlässigen kann. Dann ist der Mond schon in der Lage, zu rotieren. Auf diese Weise treibt er mit seinem Gravitationsfeld die Erde und die Sonne zur Bewegung an. Diese laufen dann um den Mond mit einer Geschwindigkeit von

$$v_{um-Mond} = \sqrt{m_* G / R_0} = 5{,}7\,m/s\,.$$

(m_*: Mondmasse)

In dieser Situation kann ein rotierender Mond das Gleichgewicht des gesamten Systems nicht stören, er macht es sogar noch stabiler. Solange sich diese drei Körper ausreichend drehen, sind auch alle ihre Massen im Grunde nicht mehr beschränkt. Dann können zum Beispiel drei Sonnen oder drei Planeten ein stabiles System bilden, natürlich unter der Voraussetzung, dass sie von einer Ur-Kraft grarotiert werden.

III. 2k
Der Grund der Hufeisen-Bahn

Wie gesagt, wenn der Mond sich am Lagrange-Punkt *L2* befindet, ist seine Winkelgeschwindigkeit um die Sonne gleich derjenigen der Erde um die Sonne. Wenn er sich noch etwas von diesem Punkt entfernt befindet, wird sich seine Winkelgeschwindigkeit um die Sonne verringern, während die der Erde um dieselbe gleich bleibt. Dann wäre seine Winkelgeschwindigkeit um die Sonne kleiner als die der Erde um die Sonne, und er bewegt sich langsam von der Erde weg.

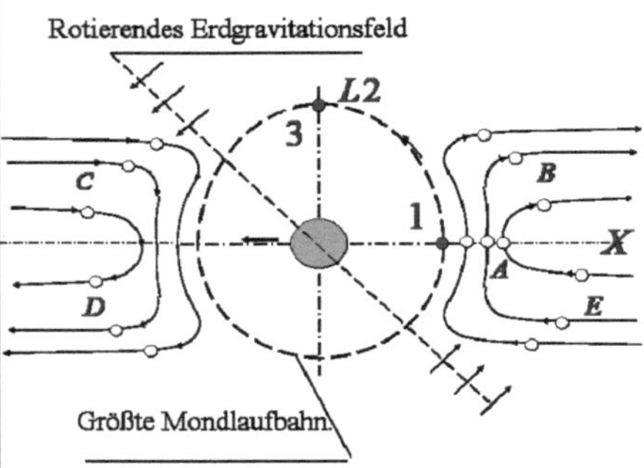

Abb. III-2k-01

Außerhalb der maximalen Mondbahn wird ein dritter Körper vom Erdgravitationsfeld nach oben bzw. nach unten angetrieben, wenn er sich unterhalb bzw. oberhalb des Sonnenorbits befindet.

Daher kann $L2$ als höchster Punkt einer möglichen regulären Mondbahn um die Erde betrachtet werden. Wir nehmen diesen Verlauf, die Apogäum-nach-oben-Form, als Beispiel. Damit der Mond auf natürliche Weise zu $L2$ gelangen kann, muss sein Abstand zu Beginn am Punkt 1 zur Erde ca. $1{,}2431 \times 10^9$m$^{(*)}$ betragen. Dieser Abstand ist auch der Radius des größten Grundkreises eines regulären Erdmondes (s. Abb. III-2k-01).

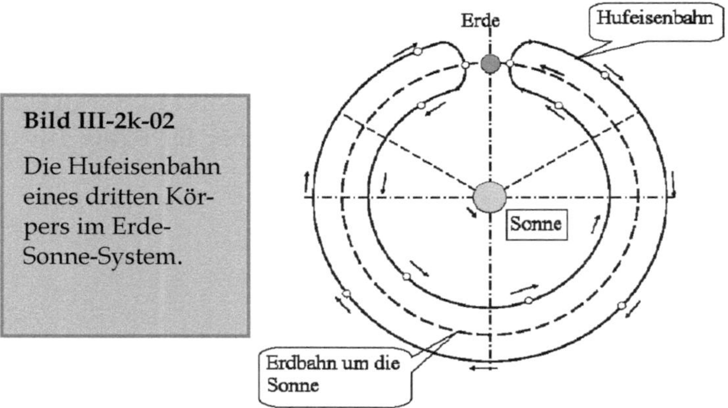

Bild III-2k-02

Die Hufeisenbahn eines dritten Körpers im Erde-Sonne-System.

Wenn der Abstand an der Anfangsposition größer als der Radius des größten Grundkreises ist, kann er den Punkt $L2$ nicht mehr erreichen. Angenommen, der Mond befindet sich zu Anfang auf Punkt A, dessen Abstand zur Erde größer als der von $P1$ ist, dann wird er sich bei einer Steigung langsam nach recht bewegen und den Punkt B etwa erreichen. Weil oberhalb der X-Achse die Geschwindigkeit des Mondes um die Sonne langsamer als die der Erde um dieselbe ist, fällt er immer weiter hinter die Erde zurück. Wenn er am Ende fast mit einer Runde Rückstand hinter der Erde liegt, nähert er sich der Erde von von anderer Seite und erreicht den Punkt C etwa.

Aufgrund des rotierenden Gravitationsfeldes der Erde wird der Mond nach unten von Punkt C zu Punkt D gedrückt. Da die Geschwindigkeit des Mondes auf dieser Position schneller ist als die der Erde, besitzt der Mond ihr gegenüber einen Vorsprung und entfernt sich von der Erde nach links. Nach fast einer Runde Vorsprung erreicht er den Punkt E. Auf dieser Position wird der Mond vom Gravitationsfeld der Erde nach oben drückt und gelangt wieder an Punkt A. Dann wiederholt sich der Vorgang immer weiter. So entsteht eine Mondbahn, die einem Hufeisen ähnelt (s. Abb. III-2k-02).

Infolgedessen ist diese Bahnform deshalb entstanden, weil das Gravitationsfeld der Erde in der von Abb. III-2k-01 gezeigten Richtung rotiert.

(*): Diese Strecke kann einfach mit der Mondbahngleichung (Gl. III-2a-2)

$$r = r_0 + \frac{v_{R0}}{v_{r0}}\left(2R_0 + r_0 \sin\theta + \frac{r_0^2 \sin^2\theta}{2R_0} - 2\sqrt{R_0(R_0 + r_0 \sin\theta)}\right)$$

rückwärts berechnet werden. Setzen wir also u. a. den Wert

$$r = r_{L2} = 1{,}65\times 10^9\, m\,,\ \theta = \pi/2\,,\ v_{r1} = \sqrt{mG/r_1}$$

ein und lösen diese Gleichung nach r_1 auf, dann erhalten wir in unserem Beispiel

$$r_1 = 1{,}2431\times 10^9\, m\,.$$

$$\left[1{,}65\times 10^9 = r_1 + \frac{r_1 v_{R0}}{\sqrt{mG}}\left(2R_0 + r_1 + \frac{r_1^2}{2R_0} - 2\sqrt{R_0(R_0 + r_1)}\right)\cdot\right]$$

III. 21
Kosmische Geschwindigkeiten neu definieren

- Erste kosmische Geschwindigkeit

Die erste kosmische Geschwindigkeit ist die Geschwindigkeit, mit der ein Körper von der Erdgravitation nicht mehr angezogen wird. Dem bisherigen Begriff nach ist sie eine tangentiale Geschwindigkeit um die Erde. Daher ist die erste kosmische Geschwindigkeit gleich der Orbitalgeschwindigkeit eines Körpers:

$$v_1 = \sqrt{mG / r_E} = 7,91 \times 10^3 \, m/s \, .$$

(r_E: Erdradius, m: Erdmasse)

Ein Körper mit dieser Geschwindigkeit wird deshalb nicht von der Erdgravitation angezogen, weil er eine Trägheitskraft besitzt, deren Stärke gleich derjenigen der Erdgravitation ist:

$$a_\otimes = v^2 / r \, .$$

Wie wir wissen, ist ein Körper in der Lage, sich mit dieser Kraft allen auf ihn einwirkenden Kräften zu widersetzen. Das heißt, auch wenn der Körper radial nach außen fliegt, kann dies von der Erdgravitation nicht verhindert werden.

Wenn sich eine Rakete mit der ersten kosmischen Geschwindigkeit nach außen bewegt, ist die Gravitation der Erde wegen vergrößerter Entfernung etwas kleiner geworden. Dann wäre die Trägheit größer als die Gravitation. Aber wir wissen auch, dass die Stärke der Trägheit immer so groß wie die der äußeren Kräfte ist. Und die Trägheit verharrt in ihrer Geschwindigkeit nur so lange, wie diese genau der Stärke der tatsächlichen Trägheit entspricht. Der überschüssige Teil der Geschwindigkeit wird von der Erdgravitation gestoppt. Das heißt, die Geschwindigkeit der

Rakete wird auch auf diejenige reduziert, die der verkleinerten Gravitation g entspricht:

$$v^2 / r = a_\otimes = g \, .$$

Daraus folgt, dass die Geschwindigkeit der Rakete immer kleiner wird, wenn sie sich von der Erde weiter entfernt, aber immer so groß wie die momentane Orbitalgeschwindigkeit bzw. immer gleich der momentanen ersten kosmischen Geschwindigkeit bleibt. Daher kann sie theoretisch unendlich weiter fliegen. Also es ist auch möglich, dass ein Körper mit einer ersten kosmischen Geschwindigkeit die Erde verlässt, ohne eine zweite kosmische Geschwindigkeit zu benötigen.

Im Grunde ist es ganz klar, dass ein Körper, solange er mit der ersten kosmischen Geschwindigkeit läuft, von der Erdgravitation völlig befreit ist. Und er ist schon in der Lage, die Erde zu verlassen. Er kann sich unter diesem Gravitationsfeld überall bewegen. Wenn er ewig um die Erde laufen möchte, muss er dies in tangentialer Richtung tun. Wenn er die Erde verlassen will, ist er eben dazu gezwungen, nach außen zu fliegen. Es ist sicher nicht die beste Methode, wenn man zum Beispiel nach Osten fährt, um das Ziel im Norden zu erreichen.

- Zweite kosmische Geschwindigkeit

Wenn ein Körper sich mit einer Geschwindigkeit bewegt, die um einen Überschuss Δv größer als seine Orbitalgeschwindigkeit ist, wird er sich radial nach außen bewegen. Wenn dieser Überschuss nicht groß genug ist, wird seine Geschwindigkeit wegen der Doppelt-Orbitalgeschwindigkeits-Differenz irgendwann kleiner als seine Orbitalgeschwindigkeit sein. Dann wird er von der Erde zurückgeholt und möglicherweise ewig um diese laufen, so wie ein Mond. Wenn er aber die Erde für immer verlassen möchte, muss der Überschuss groß genug sein, damit dieser niemals durch einen Doppelt-Orbitalgeschwindigkeits-Differenz-Effekt verzerrt wird.

Aus der Gleichung der Mondgeschwindigkeit ergibt sich die Geschwindigkeit eines umlaufenden Körpers zu

$$v(r) = 2\sqrt{mG/r} - \sqrt{mG/r_0} \, . \qquad (*)$$

(r: Abstand zum Erdmittelpunkt,
r_0: Radius des Grundkreises)

Daraus erkennen wir, dass, wenn eine Rakete nicht zurückkommt, der Radius r_0 des Grundkreises ihrer Umlaufbahn unendlich groß sein muss. Dann ergibt sich die Geschwindigkeit der Rakete beim Start auf der Erde wie folgt:

$$v_2 = 2\sqrt{mG/r_E} = 15{,}8 \times 10^3 \, m/s \, . \qquad (**)$$

Dies muss die sogenannte zweite kosmische Geschwindigkeit sein, damit ein Körper die Erde völlig verlassen kann, wenn er in tangentialer Richtung fliegt. Das heißt, dass die zweite kosmische Geschwindigkeit gleich der doppelten ersten kosmischen Geschwindigkeit in tangentialer Richtung sein müsste.

Wenn ein Körper in tangentialer Richtung mit dieser Geschwindigkeit läuft, welche das Doppelte der ersten kosmischen Geschwindigkeit beträgt, wird er sich durch zentrifugale Kraft nach außen bewegen. Angenommen, es besteht entlang einer Strecke Δr eine Orbitalgeschwindigkeits-Differenz Δv. Das heißt, wenn der Körper sich um eine Strecke Δr nach außen bewegt, wird die Orbitalgeschwindigkeit um Δv verkleinert, wegen des Doppelt-Orbitalgeschwindigkeits-Differenz-Effekts seine tangentiale Geschwindigkeit jedoch um das Zweifache von Δv verringert. Dann bleibt seine (tangentiale) momentane Geschwindigkeit immer noch gleich der doppelten momentanen Orbitalgeschwindigkeit. Seine reale tangentiale Geschwindigkeit wird zwar immer kleiner, bleibt aber immer identisch mit der zweifachen momentanen Orbitalgeschwindigkeit. So kann sich ein Körper unendlich weit nach außen bewegen.

Wie wir schon von der Mondbahn wissen, gleitet der Trabant, wenn er sich nach außen bewegt, gleichzeitig in tangentialer und radialer Richtung mit gleichen Geschwindigkeiten. Wenn ein mit Orbitalgeschwindigkeit umlaufender Körper statt noch einmal Orbitalgeschwindigkeit hinzuzufügen, mit einer Orbitalgeschwindigkeit radial nach außen geschossen wird, wird sich in diesem Fall seine tangentiale Geschwindigkeit auch um Δv vergrößern. Das heißt, die Richtungen der zweiten Orbitalgeschwindigkeit, radial oder tangential, sind unwichtig.

Bei der ersten kosmischen Geschwindigkeit haben wir gesehen, dass ein Körper auch mit dieser (ebenso wie der Orbitalgeschwindigkeit) ohne gleichzeitiges Umlaufen die Erde verlassen kann, wenn er senkrecht nach außen fliegt. In diesem Fall ist die Erdgravitation gleich der Trägheit des Körpers und die Erde zieht mit ihrer vollen Kraft den fliegenden Körper an. Verharrt der Körper entgegen seiner Trägheit, die gleich der Stärke der Erdgravitation ist, dann ist die radiale Geschwindigkeit des Körpers immer so groß wie die Orbitalgeschwindigkeit und die daraus entstandene Trägheit auch immer so stark wie die Erdgravitation. In diesem Fall ist die Trägheit des Körpers voll belastet und seine Bewegung kann trotzdem nicht von der Erdgravitation angehalten werden. Voll belastet bedeutet auch am effizientesten. Also kann auch mit dieser Methode der Körper die Erde verlassen.

Wenn eine Rakete mit Orbitalgeschwindigkeit senkrecht nach oben gesendet wird, wird sie auch vom Erdgravitationsfeld in tangentialer Richtung beschleunigt. Irgendwann reicht ihre tangentiale Geschwindigkeit dann auch an die Orbitalgeschwindigkeit heran. Dies erspart es, eine Rakete zuerst auf eine Kreisbahn zu schicken.

Das heißt, die zweite kosmische Geschwindigkeit ist eine zweifache Orbitalgeschwindigkeit in tangentialer Richtung und nur eine einfache Orbitalgeschwindigkeit in radialer Richtung.

$$* \quad * \quad *$$

Die bisherige zweite kosmische Geschwindigkeit, wie wir wissen, beträgt

$$v_{2*} = \sqrt{2mG/r_E} = 11{,}2 \times 10^3 \, m/s \,.$$

Wenn ein Körper in tangentialer Richtung mit einer Geschwindigkeit 11,2 *km/s* läuft, die um $\Delta v = 3{,}29$ *km/s* schneller als die Orbitalgeschwindigkeit von 7,91 *km/s* ist, wird Δv wegen des Doppelt-Orbitalgeschwindigkeits-Differenz-Effekts irgendwann verzehrt. Angenommen, Δv wird am Punkt A mit einem Abstand Δr auf null reduziert, so müsste die Orbitalgeschwindigkeits-Differenz zwischen ihnen gleich sein:

$$\Delta v = \sqrt{mG/r_E} - \sqrt{mG/r_A} = 3{,}29 km/s \,.$$

Dadurch wird die Geschwindigkeit des Körpers um das doppelte Δv verkleinert:

$$\sqrt{mG/r_A} = 7{,}91 - 2 \times 3{,}29$$

Daraus ergibt sich

$$r_A = mG/(7{,}91 - 2 \times 3{,}29)^2 = 2{,}25 \times 10^8 \, m \,.$$

(m: Erdmasse, G: Gravitationskonstante)

An dieser Stelle läuft der Körper zwar genau mit der Orbitalgeschwindigkeit und auch die antreibende Kraft $a_\otimes = \Delta v^2/r_0$ ist auf null reduziert, doch kann er laut den Trägheitsregeln noch die gleiche Strecke laufen. Dann kann ein Körper mit der bisherigen zweiten kosmischen Geschwindigkeit maximale

$$2 \times 2{,}25 \times 10^8 = 4{,}5 \times 10^8 \, m$$

erreichen, also nur knapp über der Mondbahn von $3{,}8321 \times 10^8 \, m$.

$$* \quad * \quad *$$

Die bisherige zweite kosmische Geschwindigkeit kommt aus der sogenannten Hohmann-Transfer-Bahn und basiert auf der Vis–Viva–Gleichung:

$$v_v = \sqrt{G(M + m)(2/r - 1/r_0)}\,.$$

(M, m: Masse des großen und kleinen Körpers)

(r_0 ist gleich der Halbachse a bei der Hohmann-Transfer-Bahn)

Hierbei ist m die Masse des umlaufenden Körpers und kann als null angenommen werden (weil die Geschwindigkeit eines Körpers grundsätzlich von seiner Masse unabhängig ist). Dann schaut sie so aus:

$$v_v = \sqrt{GM\,(2/r_E - 1/r_0)}\,. \qquad\qquad (***)$$

Daraus ist die bisherige zweite kosmische Geschwindigkeit entstanden, wenn der Term $1/r_0$ gleich null ist:

$$v_v = \sqrt{2GM/r_E}\,.$$

Denn diese basiert grundsätzlich auf dem Energieerhaltungssatz, auf den man, wie wir sehen werden, nicht so sehr vertrauen kann. Denn, wie schon gesagt, wird der Trägheitswiderstand die Energie, wenn sie sich von einer Form zu einer anderen wandelt, nicht voll zu einer anderen übertragen. Der Unterschied zwischen (*) und (***) ist wie folgt:

$$v - v_V = \sqrt{\frac{MG}{r_E}\,\frac{(\sqrt{r_0} - \sqrt{r_E})^2}{\sqrt{r_0}}}\,.$$

(M: Masse des Zentralkörpers)

Daraus erkennen wir, dass die Ergebnisse annähernd gleich sind, wenn der Unterschied zwischen r_0 und r_E nicht zu groß ist. Deshalb sind die Ergebnisse für die Berechnung der Erd- und Mondumlaufbahn fast gleich. Aber für die Bahn, mit der eine Rakete von der Erde zum Mond geschickt wird, ist der Unterschied schon sehr groß. Also auch die Gleichung der Hohmann-Transfer-Bahn stimmt nicht wirklich.

- Dritte kosmische Geschwindigkeit

Um sich der Gravitation der Sonne entziehen zu können, benötigt ein Körper aus dem gleichen Prinzip eine Orbitalgeschwindigkeit um die Sonne. Damit zudem ein Körper das Sonnensystem vollständig verlassen kann, benötigt er im Allgemeinen eine dritte kosmische Geschwindigkeit. Diese ist, aus demselben Prinzip, so groß wie die zweite kosmische Geschwindigkeit der Erde.

Weil die Erde selbst mit Orbitalgeschwindigkeit um die Sonne läuft, führt eine Rakete von der Erde immer eine Orbitalgeschwindigkeit um die Sonne mit sich und benötigt daher, um das Sonnensystem zu verlassen, nur eine einfache Orbitalgeschwindigkeit um die Sonne. Also ist die dritte kosmische Geschwindigkeit, mit der ein Körper die Sonne völlig verlassen kann, für die Erde eine einfache Orbitalgeschwindigkeit um die Sonne, unabhängig davon, in welcher Richtung, radial oder tangential. Also ist die dritte kosmische Geschwindigkeit gleich

$$v_3 = \sqrt{MG \, / \, R} = 2{,}9783 \times 10^{4} \, m \, / \, s \,.$$

(M: Sonnenmasse, R: Entfernung zur Sonne)

III. 3

Die Rotation der Planeten

Es ist schon klar, dass die Rotationsbewegung eines Planeten von der Grarotation durch die Ur-Beschleunigung verursacht wird. Dadurch werden alle Planeten und auch die Sonne in gleicher Richtung rotieren. Weil sämtliche Planeten dem Sonnengravitationsfeld ausgesetzt sind, muss dieses zuerst überwunden werden. Dafür benötigt ein Planet die $2/\pi$-fache Rotationskraft des Sonnengravitationsfelds. Dann ist die effektive Rotationskraft eines Planeten gleich der Urbeschleunigung abzüglich des $2/\pi$-Fachen des Sonnengravitationsfeldes:

$$a_{u-Effekt} = a_u - \frac{2g_{Sonne}}{\pi}.$$

Die Rotationsgeschwindigkeit eines von effektiver Ur-Beschleunigung grarotierten starren, kugelförmigen, homogenen Körpers ergibt sich laut Gl. II-2b-4a zu

$$v_{r0} = \sqrt{\frac{16}{3\pi} r_0 a_{u-Effekt}}.$$ (Gl. III-3-1)

(r_0: Radius des Planeten)

Aber Planeten sind normalerweise keine starren Körper. So besteht zum Beispiel die Erde aus Kruste, flüssigem Magma und einem festen Kern, der sich schneller dreht als die Kruste. Dadurch wird die Kruste noch einmal beschleunigt.

Das Prinzip, dass ein Körper in das Gravitationsfeld eines anderen rotieren kann, muss zuerst überwunden werden. Dies gilt natürlich auch für den Körperkern, der dem Gravitationsfeld seiner eigenen äußeren Masse unterliegt.

Weil die Masseverteilung in einem homogenen und kugelförmigen Körper kugelsymmetrisch ist, ergibt die Summe der Gravitationen der gesamten Masse im Zentrum des Körpers null. Infolgedessen kann das Gravitationsfeld im Kernbereich als null betrachtet werden. Um sich also drehen zu können, muss der Kern des Körpers nur die Reibungskraft zwischen Kern und Nachbarmagma überwinden. Obwohl der Druck zwischen Kern und Magma enorm ist, dürfte diese Reibungskraft nicht deutlich zu groß sein, da die Reibungskraft der flüssigen Masse grundsätzlich von äußerem Druck unabhängig ist. Außerdem ist der Geschwindigkeits-Unterschied zwischen dem Außenmantel des Kerns und dem Nachbarmantel des flüssigen Magmas sehr gering, sodass auch der Reibungseffekt überschaubar ausfällt. Daher bleibt auch die Reibungskraft bei weiterer Berechnung unberücksichtigt.

In den folgenden Abschnitten versuchen wir zu erklären, wie und warum Planeten so rotieren, wie sie es tun. Dabei wird die Achskippung des Körpers, wie schon gesagt, nicht berücksichtigt. Zudem gehen wir davon aus, dass die Achsrichtung der Planeten immer senkrecht zur Ekliptik steht.

III. 3a
Die Erde

Unsere Erde befindet sich im Bereich des Sonnen-Gravitationsfeldes mit einer Stärke von ca.

$$5,93 \times 10^{-3} \, m / s^2 \cdot$$

Und die Rotationskraft der Erde ist gleich der Ur-Kraft des Sonnensystems:

$$a_U = 4,8 \times 10^{-3} \, m / s^2 \, .$$

Damit die Erde sich im Sonnengravitationsfeld drehen kann, ist dieses zuerst zu überwinden. Dazu braucht die

Erde eine Kraft, die das 2/π-Fache des Sonnengravitationsfeldes beträgt. Als Rest verbleibt die effektive Rotationskraft, mit der die Erde rotieren kann:

$$a_{U-Effekt} = (4.8 - 2 \times 5.93 / \pi) \times 10^{-3} = 1.025 \times 10^{-3} m/s^2 .$$

Wenn die Erde ein starrer Körper wäre, betrüge die Rotationsgeschwindigkeit aus der Effektivbeschleunigung nur ca.

$$v = \sqrt{\frac{16}{3\pi} a_{U-Effekt}}\, R = 1,0525 \times 10^2 m/s .$$

(*R*: Erdradius)

In Wirklichkeit beträgt die Erdrotationsgeschwindigkeit ca.

$$4,63 \times 10^2 m/s .$$

Das heißt, dass die Erdrotation hauptsächlich im Erdkern entstanden sein müsste.

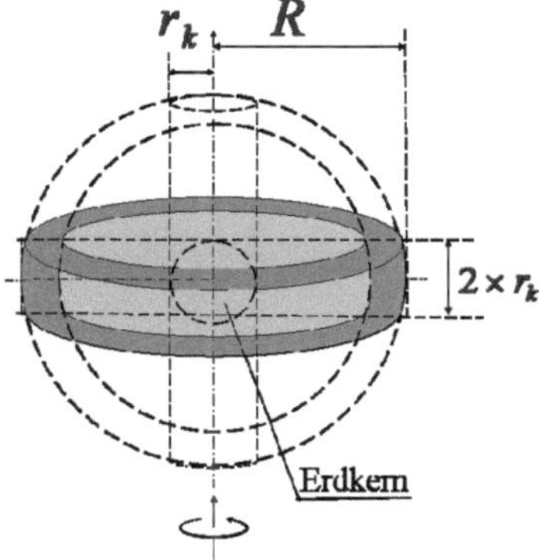

Abb. III-3a-01

Der schnell rotierende Erdkern treibt die Erdkruste weiter an.

Um grob zu berechnen, wie die Erdrotation vom Kern beschleunigt wird, schneiden wir eine Scheibe im Äquatorbereiche der Erde mit der Dicke des Durchmessers eines möglichen kugelförmigen Kerns ab und beobachten, ob diese eine Zylinderscheibe ist, wie in Abb. III-3a-01 dargestellt.

Um die Erdkruste auf die Geschwindigkeit, die sie besitzt, zu beschleunigen, muss die von effektiver Urbeschleunigung erbrachte Winkelgeschwindigkeit des Kerns mindestens so groß wie die der Kruste sein. Dann haben wir die Gleichung:

$$\omega_K = \sqrt{\frac{16}{3\pi}\frac{a_{u-Effekt}}{r_K}} = \frac{463}{r_0} \qquad \text{(Gl. III-3a-1)}$$

Daraus folgt der maximale Kernradius, ohne den Reibungswiderstand zu berücksichtigen:

$$r_K = \frac{16 a_{U-Effkt} R^2}{3\pi 463^2} = 3,38 \times 10^5 m \ .$$

(R: Erdradius)

Der Kern eines Körpers muss nicht unbedingt starr sein. Der Radius eines Kerns aus flüssigem Magma kann als unendlich klein betrachtet werden. Wenn er aber starr ist, darf er nicht größer als diese r_K sein, weil die Rotationswinkelgeschwindigkeit der Kruste vom Gravitationsfeld des Erdkerns beschleunigt wird. Dessen Kraft hängt von der Masse des Kerns ab. Hierbei muss mit bedacht werden, dass ein Teil der Rotationsgeschwindigkeit der Erde direkt von der effektiven Beschleunigung hergebracht wurde:

$$v_1 = \sqrt{a_{U-Effekt}\, R} = 81 \, m/s \ .$$

Von dem Rest kann die Mindestmasse des Erdkerns mittels der Planeten-Geschwindigkeitsformel $v = \sqrt{mG/r}$ (Gl. II-1a-1) berechnet werden:

$$m_K = v_{Rest}^2 r_K / G = 7,39 \times 10^{20} kg \ .$$

$(v_{Rest} = 463 - 81 = 382 \ m/s)$

Dies entspricht einer Dichte von

$$\rho_K = \frac{3 m_K}{4\pi r_K^3} = 4,57 \times 10^3 \, kg/m^3 = 4,57 g/cm^3$$

Der Durchschnitt der Erdmassendichte beträgt ca. $5,515 g/cm^3$. Die tatsächliche Massendichte des Erdkerns müsste, wie allgemein bekannt, viel größer als der Durchschnitt sein. Das heißt, dass der Erdkern über eine ausreichende Masse dafür verfügt, die Kruste auf ihre tatsächliche Geschwindigkeit zu beschleunigen. Dabei ist aber der Reibungswiderstand, wie gesagt, nicht mit berücksichtigt worden.

Es handelt sich lediglich um eine sehr grobe Berechnung. Wir möchten damit nur zeigen, wie die Rotation der Erde durch dessen Kern zustande gekommen sein könnte.

III. 3b
Mars

Der Mars besitzt einen Mond namens Phobos, dessen Bahnwinkelgeschwindigkeit größer als die Rotationswinkelgeschwindigkeit seines Mutterplaneten ist. Dies bedeutet, dass die Laufbahn von Phobos innerhalb des Marsgeostationärorbits liegt.

Ein mit Orbitalgeschwindigkeit um einen Zentralkörper laufender Körper hätte theoretisch auch mit seiner eigenen Trägheit sowohl den Widerstand des Gravitationsfeldes als auch die Anziehungskraft des Zentralkörpers ausgleichen und ewig laufen können, obwohl sich der Zentralkörper nicht oder nicht schnell genug rotiert. Wenn sich aber in einer solchen Situation seine Geschwindigkeit aus irgendeinem Grund verlangsamt hat, wird seine zentrifugale Beschleunigung kleiner als die Gravitation des Zentralkörpers sein. Dann wird er vom Mutterplaneten nach innen gezogen. Dadurch vergrößert sich die Anziehungskraft des Zentralkörpers und wird weiter nach innen bewegt. So gerät er in einen Teufelskreis und wird schließlich in den Mutterplaneten hineinfallen. Das heißt, dass ein Satellit, der nur mit eigener orbitaler Geschwindigkeit um seinen Mutterplaneten kreist und nicht schnell genug rotiert, instabil ist. Der Doppelt-Orbitalgeschwindigkeits-Differenz-Effkt, wonach die Geschwindigkeit eines nach innen bewegten Körpers doppelte schnell wächst, ist dadurch bedingt, dass der Mutterplanet schnell genug rotiert. Daher ist dieser Effekt hier nicht verwendbar.

Betrachten wir Phobos als einen stabilen Mond, müsste er vom Kern des Mars angetrieben werden. Dann müsste Letzterer einen Kern besitzen, dessen Rotationswinkelgeschwindigkeit mindestens so schnell wie die Umlaufwinkelgeschwindigkeit von Phobos ist.

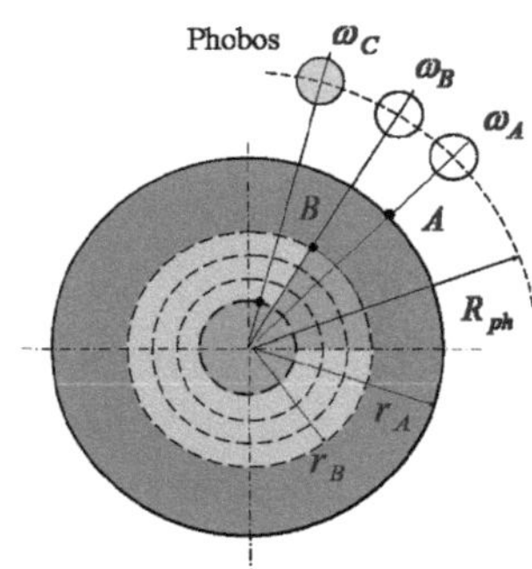

Bild III-3b-01

Der Marskern treibt den Marsmond Phobos schrittweise auf Orbitgeschwindigkeit an.

Angenommen, die Marsrotationswinkelgeschwindigkeit ist ω_A und kleiner als die Umlaufwinkelgeschwindigkeit ω_C von Phobos. Damit dieser auf seine Geschwindigkeit ω_A beschleunigen kann, benötigt der Mars nur eine Teilmasse m_A. Das Verhältnis zwischen m_A und ω_A ist folgendes:

$$\omega_A = \sqrt{\frac{m_A G}{R_{Ph}^3}} \ .$$

(R_{Ph}: Abstand Mars/Phobos,

G: Gravitationskonstante)

Es kann so betrachtet werden, dass diese Teilmasse m_A der äußersten Marsmasse ab Radius r_B entspricht (s. Abb. III-3b-01), wenn die Masse unterhalb von r_B flüssiges Magma ist, das schneller als der Außenteil läuft. Dann wird Phobos weiter auf ω_B beschleunigt. So wird er Schritt für Schritt beschleunigt, bis er seine tatsächliche Geschwindigkeit ω_C erreicht hat, wenn der starre Kern des Mars auch mindestens so schnell läuft. Besitzt der Planet keinen starren

Kern, kann eine beliebige kleine Kugel der innersten Masse als Kern angesehen werden, solange sie noch ausreichende Masse besitzt, um diese Funktion ausüben zu können. Die maximale Geschwindigkeit eines Mondes wird aber von der gesamten Masse des Mutterplaneten beschränkt auf

$$v = \sqrt{\frac{mG}{R}} \; .$$

Damit Phobos seine Bewegung vollbringen kann, muss die Winkelgeschwindigkeit des Marskerns mindestens so schnell wie die des Umlaufens von Phobos sein. Daher beträgt der Radius des Marskerns, der von effektiver Ur-Beschleunigung grarotiert wird, maximal

$$r_K = \frac{16 a_{U-Effekt}}{3\pi \omega_{Ph}^2} = 1{,}037 \times 10^5 \, m \quad .$$

$$(a_{U-Effkt} = (4{,}8 - 2 \times 2{,}553/\pi) \times 10^{-3} = 3{,}1747 \times 10^{-3} m/s^2 ,$$

$$\omega_{Ph} = 2{,}1373 \times 10^3 / 9{,}378 \times 10^6 = 2{,}279 \times 10^{-4} \, rad/s :$$

Umlaufwinkelgeschwindigkeit des Phobos)

Wenn der Mars ein starrer Körper wäre, ergäbe sich für seine Drehgeschwindigkeit

$$v = \sqrt{\frac{16}{3\pi} a_{U-Effekt} r_A} = 1{,}35 \times 10^2 \, m/s$$

(r_A: Radius des Mars)

Seine reale Drehgeschwindigkeit beträgt $2{,}4 \times 10^2$ m/s. Im Vergleich zu der Erddrehung wird die Geschwindigkeit der Marskruste merklich weniger von seinem Kern beschleunigt. Der Grund müsste wahrscheinlich darauf zurückzuführen sein, dass der Mars eine relativ dicke Kruste besitzt. Da bei zunehmender Dicke der Kruste der Körper immer starrer wird, ähnelt er eher einem solchen, während die Steigerung seiner Geschwindigkeit verhältnismäßig gering ausfällt.

III. 3c
Warum die Venusrotation rückläufig ist

Die Venus befindet sich in einem Sonnengravitationsfeld der Stärke g_S = 1,13×10⁻² m/s². Um dieses zu überwinden, benötigt man, wie wir schon wissen, eine Rotationskraft von

$$a = 2/\pi 1{,}13 \times 10^{-2} = 0{,}719 \times 10^{-2} \text{ m/s}^2.$$

Jedoch besitzt die Venus nur eine Drehkraft von 0,48×10⁻² m/s². Somit hätte sie sich nicht drehen können. Also müsste die Rotationsgeschwindigkeit der Venus eigentlich gleich null sein. In Wirklichkeit rotiert der Planet zwar sehr langsam, aber dennoch und merkwürdigerweise rückwärts. Warum?

Da ein Satellit im Normalfall keine eigene Drehkraft besitzt, befindet er sich in einem Zustand der Rotations-Schwerelosigkeit und ist dem Gravitationsfeld schutzlos ausgeliefert. In einer solchen Situation wird er schon von einer kleinen Kraft gedreht werden können, die in tangentialer Richtung einwirkt. Weil die Gravitationsfelder an der sonnenzu- und -abgewandten Seite der Venus nicht gleich stark sind, entsteht ein Dreheffekt. Dies ist genau das, was die Rückwärtsrotation der Venus verursacht hat.

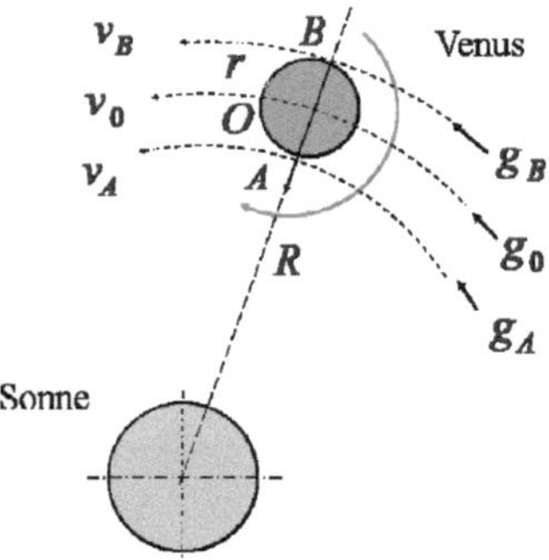

Abb. III-3c-01

Das Gravitationsfeld der Sonne treibt die zu- und abgewandten Seiten der Venus mit unterschiedlicher Stärke an.

Das Sonnengravitationsfeld ist am Punkt A am stärksten und am Punkt B am schwächsten. Daher ist auch die Umlaufgeschwindigkeit um die Sonne am Punkt A größer als am Punkt B. Dadurch ist eine Rotationsbewegung im Uhrzeigersinn entstanden (s. III-3c-01).

Die Umlaufsgeschwindigkeiten um die Sonne an den Punkten A, O und B verhalten sich wie folgt:

$$v_A = \sqrt{\frac{MG}{R-r}} \ , \quad v_O = \sqrt{\frac{MG}{R}} \ \text{ und } \ v_B = \sqrt{\frac{MG}{R+r}} \ .$$

Daraus resultiert die Rotationsgeschwindigkeit der Venus mit:

$$v_{Rot} = -(v_A - v_O) - (v_O - v_B) = -(v_A - v_B)$$

$$= -(\sqrt{\frac{MG}{R-r}} - \sqrt{\frac{MG}{R+r}}) = -1{,}9486 m/s \ .$$

(Gegenuhrzeigersinn als Plus)

($M = 1{,}9884 \times 10^{30} \, kg$: Sonnenmasse,

$G = 6{,}67384 \times 10^{-11}$: Gravitationskonstante,

$R = 1{,}0816 \times 10^{11} \, m$: Abstand zwischen Sonne und Venus,

$r = 6{,}018 \times 10^{6} \, m$: Radius der Venus)

(Zum Vergleich ist die Rotationsgeschwindigkeit der Venus in Wirklichkeit ca. $-1{,}8 m/s$)

Dieses Ergebnis setzt voraus, dass die Venuslaufbahn ein runder Kreis wäre. In Wirklichkeit ist sie jedoch nicht ganz rundförmig. Wie eine von der Rundung abweichende Laufbahn ihre Rotationsbewegung beeinflussen könnte, erfahren wir im nächsten Kapitel.

*   *   *

Dieser Effekt der Rückwärtsbewegung der Venus ähnelt einem Differenzialgetriebe, einem Mechanismus, der öfters im Bereich der Autoindustrie und des Maschinenbaus verwendet wird. Wie die Skizze in der Abb. III-3c-02 für den Fall gezeigt hat, dass das Zentralzahnrad I und das innen verzahnte Hohlrad III sich in gleicher Richtung mit identischer Winkelgeschwindigkeit drehen, wird das Planetenrad

II von diesen zwei geklammert und mitgeschleppt, ohne sich selbst zu drehen. Also ist es gekoppelt.

Aber wenn das Zentralrad *I* sich etwas schneller als das Hohlrad *III* in derselben Richtung (gegen den Urzeigersinn) dreht, wird sich das Planetenrad *II* in der umgekehrten Richtung (Uhrzeigersinn) mit drehen, was in der Himmelsmechanik als Rückwärtsrichtung bezeichnet wird. Diese Drehgeschwindigkeit hängt davon ab, wie groß der Geschwindigkeitsunterschied zwischen Rad *I* und *III* ist.

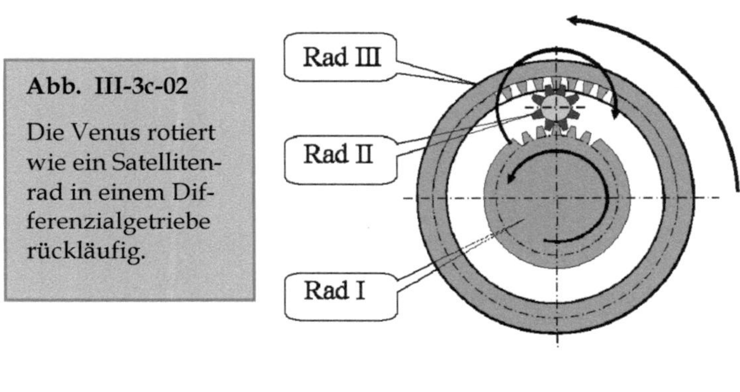

Abb. III-3c-02

Die Venus rotiert wie ein Satellitenrad in einem Differenzialgetriebe rückläufig.

* * *

Interessant ist dabei noch, dass die Venus sich mit dieser Rotationsgeschwindigkeit von 1,96 m/s in einer Zeit gedreht hat, in der sie genau eine Runde um die Sonne gelaufen ist, wobei eine

$$Strecke = vT = 1{,}96 \times 224{,}559 \times 24 \times 3600 = 3{,}8028 \times 10^7 \, m$$

zurückgelegt wurde, die fast exakt dem Körperumfang der Venus entspricht:

$$Umfang = 2\pi \times 6{,}0518 \times 10^6 = 3{,}8025 \times 10^7 \, m \, .$$

($T = 224{,}559 Tage$: Bahnperiode der Venus)

Dies bedeutet, dass die Venus die Sonne einmal umkreist. Dies entspricht genau einmal der Umdrehung. Ist das ein Zufall?

Angenommen, die Umlaufwinkelgeschwindigkeit der Venus um die Sonne beträgt ω_R. Sie ist dann

$$\omega_R = \frac{1}{R_0}\sqrt{\frac{MG}{R_0}}\ .$$

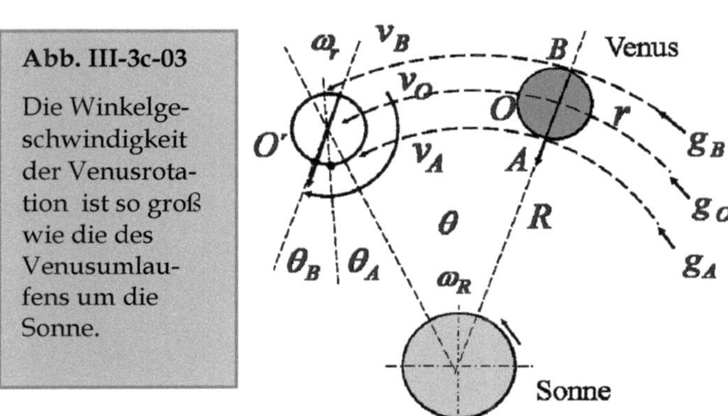

Abb. III-3c-03

Die Winkelgeschwindigkeit der Venusrotation ist so groß wie die des Venusumlaufens um die Sonne.

Ihre Drehwinkelgeschwindigkeit ω_r beträgt:

$$\omega_r = \frac{1}{r}\left(\sqrt{\frac{MG}{R_0-r}} - \sqrt{\frac{MG}{R_0+r}}\right).$$

Sie verhält sich wie folgt:

$$\frac{\omega_r}{\omega_R} = \frac{1}{r}\left(\sqrt{\frac{MG}{R_0-r}} - \sqrt{\frac{MG}{R_0+r}}\right)\Big/\frac{1}{R_0}\sqrt{\frac{MG}{R_0}}\ .$$

Nach dem Umformen erhält man

$$\frac{\omega_r}{\omega_R} = \frac{R_0\sqrt{R_0}}{r}\left(\frac{\sqrt{R_0+r}-\sqrt{R_0-r}}{\sqrt{(R_0+r)(R_0-r)}}\right)\frac{\sqrt{R_0+r}+\sqrt{R_0-r}}{\sqrt{R_0+r}+\sqrt{R_0-r}}$$

$$= \frac{2rR_0\sqrt{R_0}}{r\sqrt{(R_0+r)(R_0-r)}(\sqrt{R_0+r}+\sqrt{R_0-r})}\ .$$

Wenn $R_0 \gg r$, können folgende Werte ermittelt werden:

$$\sqrt{(R_0+r)(R_0-r)} \approx R_0,$$

$$\sqrt{(R_0 + r)} + \sqrt{(R_0 - r)} \approx 2\sqrt{R_0} \ .$$

Dann haben wir

$$\frac{\omega_r}{\omega_R} = \frac{2R_0\sqrt{R_0}}{\sqrt{(R_0 + r)(R_0 - r)}(\sqrt{R_0 + r} + \sqrt{R_0 - r})} \approx 1 \ . \quad \text{(Gl. III-3c-1)}$$

Also ist $\omega_R \approx \omega_r$ und $\theta \approx \theta_A + \theta_B$.

Das heißt, wenn ein Planet keine Rotationskraft besitzt und seine Umlaufbahn rund ist, erreicht seine Rotationswinkelgeschwindigkeit annähernd seine Umlaufwinkelgeschwindigkeit, und die Drehrichtung ist rückwärtig. Dies bedeutet, dieser Planet hat sich bezüglich des Fixsterns nicht gedreht.

III. 3d
Warum Merkur anders als Venus rotiert

Im Vergleich zur Venus steht der Merkur noch näher an der Sonne und befindet sich in deren Gravitationsfeld, das größer als dasjenige der Venus ist. Dann sollte er eigentlich wegen des Differenzialgetriebe-Effektes wie in ihrem Fall rückwärts drehen. In Wirklichkeit dreht er sich jedoch rechtläufig. Wie kann dieses Phänomen erklärt werden?

Der Unterschied zwischen Venus und Merkur besteht darin, dass die Umlaufbahn der Venus fast kreisförmig ist, während Merkur eine Umlaufbahn mit einer sehr großen Exzentrizität hat.

Aus dem Prinzip der Mondbahn wissen wir, dass diese von ihrer Kreisbahn abgewichen ist und etwa zur Hälfte außerhalb des Grundkreises liegt. In dieser halben Umlaufbahn ist die Mondumlaufgeschwindigkeit kleiner als die Orbitalgeschwindigkeit. Auf der anderen Hälfte läuft der Mond innerhalb des Grundkreises und seine Umlaufgeschwindigkeit ist größer als die Orbitalgeschwindigkeit. Dieses Prinzip gilt auch für Planetenbahnen.

Bewegt sich ein Planet mit einer Geschwindigkeit, die kleiner als seine Orbitalgeschwindigkeit ist, unabhängig davon, ob die Umlaufgeschwindigkeit zu- oder abnimmt, und wird seine Umlaufgeschwindigkeit vom Gravitationsfeld weiter beschleunigt, dann ist sie am Punkt A größer als am Punkt B und wird sich im Uhrzeigersinn drehen (rechte Seite von Abb. III-3d-02). Dies ist genau wie im Falle der Venusrotation, bei der die Venusbahn als rund betrachtet wurde. Das heißt, wenn ein Planet ohne eigene Rotationskraft mit einer Geschwindigkeit läuft, die nicht größer als die Orbitalgeschwindigkeit ist, verhält sich seine Rotation rückläufig.

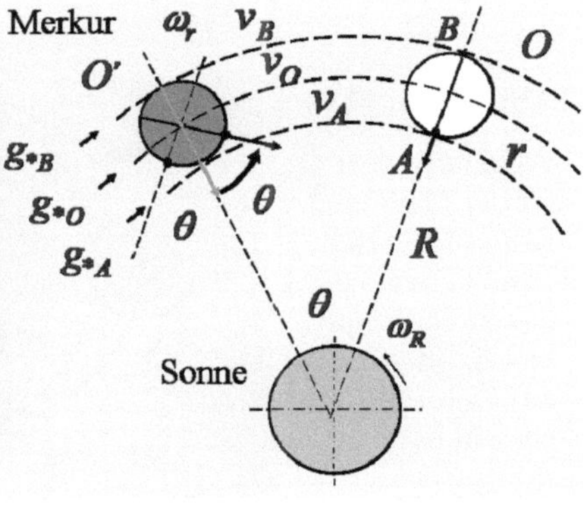

Abb. III-3d-01

Der schneller als mit Orbitgeschwindigkeit laufende Planet wird vom Gravitationsfeld der Sonne gebremst und rotiert im Gegenuhrzeigersinn.

Befindet sich Merkur innerhalb des Grundkreises und ist seine Umlaufgeschwindigkeit größer als die Orbitalgeschwindigkeit, wird seine Umlaufgeschwindigkeit durch das Gravitationsfeld der Sonne gebremst. Diese Bremskraft ist am Punkt A größer als am Punkt B. Deshalb dreht sich Merkur in diesem Fall gegen den Uhrzeigersinn (s. Abb. III-3d-01). Dies tritt unabhängig davon auf, ob die Umlaufgeschwindigkeit zu- oder abnimmt, solange seine Umlaufgeschwindigkeit größer als ihre Orbitalgeschwindigkeit ist. Das heißt, wenn sich Merkur in Phase I befindet (rechte Seite von Abb. III-3d-02), entspricht seine Drehung der gewöhnlichen Drehrichtung im Sonnensystem, ist also rechtläufig.

Das bedeutet: Wenn ein Planet ohne eigene Rotationskraft auf einer nicht kreisförmigen Umlaufbahn läuft, könnte er in etwa die Hälfte der Zeit in eine Richtung und die andere Hälfte der Zeit in eine andere Richtung angetrieben werden. Weil der Planet zudem eine Rotationsträgheit besitzt, wird sich die Rotation letztendlich auf einer der Richtungen stabilisieren.

Befindet sich Merkur am Punkt *1*, der sonnennächsten Position, ist seine Umlaufgeschwindigkeit am höchsten:

$$v_O = 2\sqrt{\frac{MG}{R_1 - r}} - \sqrt{\frac{MG}{R_0}} = 5{,}955 \times 10^4 \, m/s$$

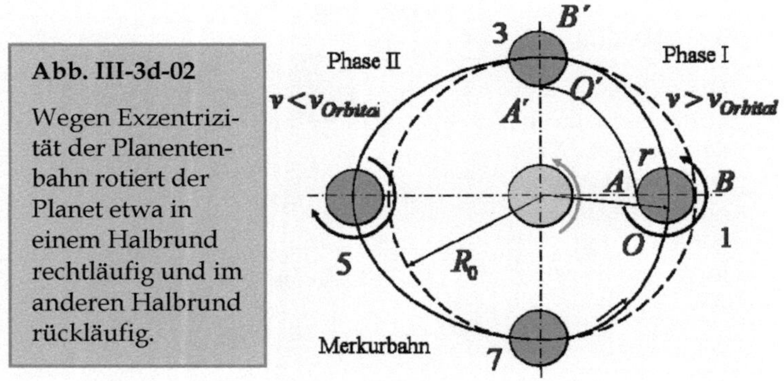

Diese entspricht einer Umlaufwinkelgeschwindigkeit von

$$\omega_1 = v_O / (R_1 - r) = 5{,}955 \times 10^4 / 4{,}6 \times 10^6 = 1{,}2946 \, rad/s \; .$$

Dass die Rotationswinkelgeschwindigkeit gleich der Umlaufwinkelgeschwindigkeit ist, wenn er keine eigene Rotationskraft besitzt (s. Gl. III-3c-1), gilt sowohl für rückläufige als auch für rechtläufige Rotation. Daher ist die Rotationsgeschwindigkeit des Merkurs am Punkt *1* gleich der folgenden (rechtläufig):

$$v_{1-Rota} = \omega_1 r = 1{,}2946 \times 10^{-6} \times 2{,}4397 \times 10^6 = 3{,}1584 \, m/s \; .$$

(r: Radius des Merkurs,

R_1: Der geringste Abstand zur Sonne,

R_0: Radius des Grundkreises,

M: Sonnenmasse)

Weil am Punkt *1* die Drehgeschwindigkeit am größten ist, trifft dies auch auf die Rotationsträgheit zu und Merkur kann daher auch in dieser Rotationsgeschwindigkeit verharren. Deshalb sollte diese prinzipiell gleich seiner Rotationsgeschwindigkeit sein.

Zum Vergleich beträgt seine tatsächliche Rotationsgeschwindigkeit

$$2\pi r / T_r = 3,0251\, m / s\,.$$

($T_r = 58d15h36\min = 5,0674 \times 10^6\, s$: Rotationsdauer)

*   *   *

In Wirklichkeit ist die Umlaufbahn der Venus auch nicht rein kreisförmig. Aber warum erweist sich die Rotation der Venus rückläufig, während die des Merkurs sich rechtläufig verhält?

Angenommen, die Umlaufbahn der Venus ist am Anfang kreisförmig und ihre Rotationsgeschwindigkeit, wie gesagt, rückläufig. Wenn ihre Umlaufbahn von der Kreisform abweicht, ist auch die Stärke des Gravitationsfeldes der Sonne nicht überall gleich, was zu ungleichen Rotationsgeschwindigkeiten an verschiedenen Punkten führt.

Die Venus befindet sich zu Anfang am Punkt *3*, an dem sie mit Orbitalgeschwindigkeit und rückwärts läuft. In Phase *II* (s. Abb. III-3d-02), in der die Umlaufgeschwindigkeit, außer Punkt *3* und *5*, nur etwas kleiner als die Orbitalgeschwindigkeit ist, läuft sie auch ein wenig langsamer als mit dieser, während sich ihre Rotationsgeschwindigkeit wegen der Rotationsträgheit nicht ändert und gleich derjenigen am Punkt *3* ist. Nach Punkt *5* wird ihre Rotation vom Gravitationsfeld der Sonne in eine andere Richtung angetrieben. Weil die Umlaufgeschwindigkeit in Phase *I* nur geringfügig größer als die Orbitalgeschwindigkeit ist, kann ihre Rotationsgeschwindigkeit höchstens etwas gebremst, aber ihre Richtung nicht geändert werden.

Im Gegensatz zur Venus ist die Exzentrizität der Merkurbahn extrem groß. Wenn Merkur den Punkt *1* erreicht ist, wird die vorherige Rotationsgeschwindigkeit voll gebremst und umgedreht. Dann rotiert er rechtläufig und kann die Rotation in dieser Richtung behaupten.

Wenn die Merkurbahn rund wäre, besäße er eine Rotationsgeschwindigkeit von ca. -2,02 *m/s* (rückläufig). Wenn die Exzentrizität der Merkurbahn nicht so groß und daher seine rechtläufige Rotationsgeschwindigkeit am Punkt *1* kleiner als 2,02 *m/s* wäre, hätte er die Rotationsrichtung nicht ändern können. Dann wäre seine Rotation ebenfalls rückläufig.

*   *   *

Übrigens hat sich die Frage, warum Venus und Merkur keinen eigenen Mond besitzen, von selbst beantwortet. Da sie sich kaum drehen, können sie keine eigenen Satelliten antreiben. Selbst wenn sie einen erhalten könnten, würde dieser in seinen Mutterplaneten abstürzen.

III. 3e
Gasplaneten

Es gibt vier Gasplaneten im Sonnensystem (Jupiter, Saturn, Uranus, Neptun). Sie haben einige Gemeinsamkeiten: Sie drehen sich alle sehr schnell, und alle haben innerste Planetenringe oder Satelliten, deren Umlaufwinkelgeschwindigkeit größer als die Rotationswinkelgeschwindigkeit ihrer Mutterplaneten ist. Der Grund ist der gleiche wie bei Phobos und Mars. Dies deutet daraufhin, dass sie Kerne besitzen, deren Rotationswinkelgeschwindigkeiten mindestens so schnell wie die Umlaufwinkelgeschwindigkeit des jeweiligen innersten Ringes oder Satelliten sein müssten.

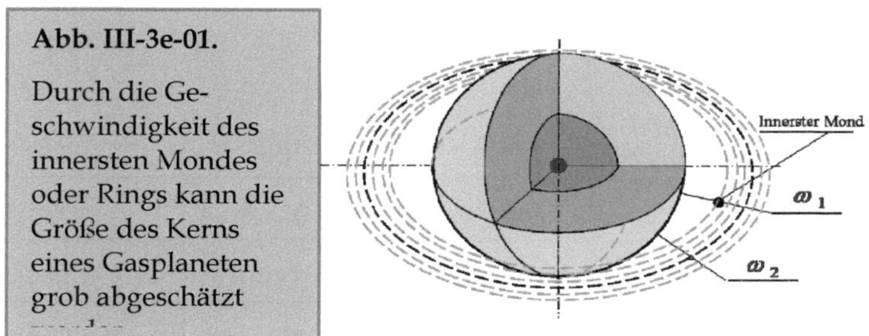

Abb. III-3e-01.

Durch die Geschwindigkeit des innersten Mondes oder Rings kann die Größe des Kerns eines Gasplaneten grob abgeschätzt

Nehmen wir als Beispiel Jupiter. Wie bei anderen Gasplaneten wird angenommen, dass Jupiter aus einer äußeren Atmosphäre, inneren Materie und einem Kern besteht (s. Abb. III-3e-01). Er hat einen innersten Satelliten, Metis, dessen Umlaufradius etwa $1{,}281 \times 10^8$ Meter und seine Umlaufwinkelgeschwindigkeit

$$\omega_1 = \sqrt{mG / R^3} = 2{,}4554 \times^{-4} \text{ beträgt.}$$

($m = 1{,}899 \times 10^{27} \, kg$: Masse des Jupiters,

$R = 1{,}281 \times 10^{8} \, m$: Bahnradius von Metis,

$G = 6{,}67384 \times 10^{-11}$: Gravitationskonstante)

Damit Metis so schnell umkreist, müsste Jupiter einen Kern haben, der sich mindestens genauso schnell dreht. Da die Rotation des Kerns durch die effektive Ur-Beschleunigung verursacht wird, darf der Radius des Jupiter-Kerns maximal so groß sein:

$$r_k \leq \frac{16}{3\pi} a_{u-\textit{Effekt}} / \omega_1^2 = 1{,}2899 \times 10^{5} \, m \; .$$

($a_{u-\textit{Effekt}} = 4{,}8 \times 10^{-3} - 2{,}192 \times 10^{-4} = 4{,}5808 \times 10^{-3} \, m / s^2$,

$g_s = 2{,}192 \times 10^{-4} \, m / s^2$: Gravitationsfeld der Sonne)

Aus der Entfernung des nächsten Satelliten oder Planetenrings kann der maximale Radius des entsprechenden Planetenkerns mit dieser Methode grob geschätzt werden. Wir haben die Ergebnisse in der folgenden Tabelle aufgelistet:

Tabelle III-3e-1.

	Nahester Mond/Ring	R (Meter)	ω *(rad/s)*	R_K *(Meter)*
Jupiter	Metis	$1{,}28\times10^8$	$2{,}46\times10^{-4}$	$1{,}29\times10^5$
Saturn	Ring	$6{,}37\times10^7$	$3{,}53\times10^{-4}$	$6{,}45\times10^4$
Uranus	Ring	$3{,}77\times10^7$	$2{,}88\times10^{-4}$	$9{,}76\times10^4$
Neptun	Ring	$4{,}19\times10^7$	$3{,}05\times10^{-4}$	$8{,}76\times10^4$

(R: Abstand, ω: Winkelgeschwindigkeit, r_K: Kernradius)

III. 4

Das Souveränitäts-System

III. 4a
Das Souveränitäts-System

Wir sind bisher immer davon ausgegangen, dass es eine Urkraft benötigt, damit ein kreisendes System wie das der Sonnen überhaupt laufen kann. Wir haben auch angenommen, dass die Ur-Kraft für das Sonnensystem das Gravitationsfeld der Milchstraße ist. Dann stellt sich natürlich die Frage, ob diese ebenfalls eine Ur-Kraft benötigt, damit sie überhaupt laufen kann, wie sie ist. Wir können uns vielleicht auch vorstellen, dass die Milchstraße von einer anderen Galaxie beschleunigt wird. Dann benötigt diese andere Galaxie wiederum noch eine Ur-Ur-Ur-Beschleunigung. Doch dies kann so nicht immer weitergehen, denn dann bräuchte das Universum letztendlich die Gotteshilfe, wie Newton geglaubt hatte.

Wenn ein System wie etwa die Erde/Sonne ewig laufen könnte, ohne eine äußere Kraft zu benötigen, wie es von der bisherigen Theorie beschrieben wurde, wäre ein solches System wie ein Perpetuum mobile, das schon von irdischen Menschen als unmöglich überführt wurde. Aber das Sonnensystem ist ein ewig bewegtes System und die Milchstraße auch. Wenn die Natur ein natürliches Ding ist, ohne dass dahinter eine gottähnliche Kraft stecken muss – könnte ein solches System vielleicht doch einem Perpetuum mobile ähnlich sein?

Aufgrund der Verwendung des Permanentmagneten gibt es viele solche magnetischen Perpetuum mobile, die in YouTube zu sehen sind. Wir haben diese zwar nicht dahingehend prüfen können, ob sie wirklich funktionieren. Und wir wissen auch nicht, ob ein Perpetuum mobile unter Verwendung eines Magnets tatsächlich als solches bezeichnet werden kann. Aber unter Verwendung des Magnets müsste es theoretisch doch möglich sein, ein Gerät so zu konstruieren, dass es sich ewig bewegen kann, ohne zusätzliche Energie zu benötigen. Denn die Magnetkraft kann doch Arbeit leisten und daraus Energie produzieren.

Wir haben schon mehrfach gesehen, dass die Natur auch Dinge geschaffen hat, wie es nur den intelligentesten irdischen Menschen möglich wäre. Schafft die Natur auch etwas, das von irdischen Menschen als unmöglich widerlegt wurde? Die Natur hat uns doch schon eine unerschöpfliche und kostenlose Kraft zur Verfügung gestellt: die Gravitation. Dann müsste es theoretisch irgendwie möglich sein, daraus ein selbstlaufendes System wie ein Perpetuum mobile herzustellen. Wir werden gleich sehen, wie die Natur wider den von irdischen Menschen erlassenem physikalischem Gesetz ein Perpetuum System schafft.

Wir nehmen Erde und Sonne als Beispiel. Dabei wissen wir jetzt, dass Sonne und Erde von einer Ur-Beschleunigung in senkrechter Richtung zur Ekliptik beschleunigt und grarotiert werden. Die daraus entstandenen Rotationen treiben mit den Gravitationsfeldkräften einander an und laufen umeinander auf ekliptischer Ebene. Wäre es möglich, dass sie von gegenseitigen Gravitationen statt Ur-Beschleunigung grarotiert werden können? Und es mit der daraus entstandenen Rotationskraft schaffen, erneut umeinander zu laufen?

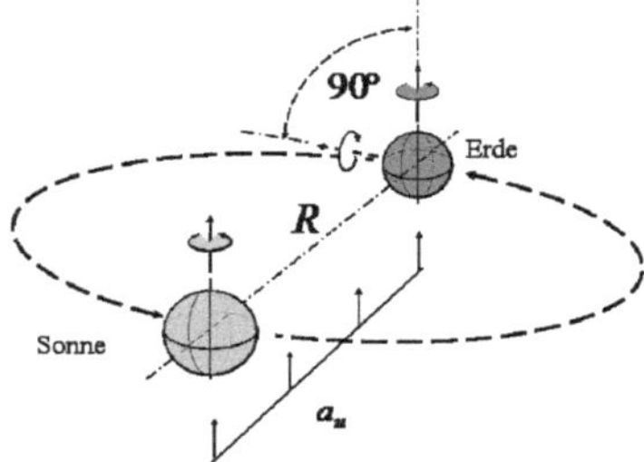

Abb. III-4a-01

Wenn die Erdachse um 90° gekippt und die Urbeschleunigung ausgeschaltet würde ...

Auf Grundlage dieser Überlegung veranstalten wir nun ein Gedankenexperiment:

Wir kippen mit etwas Gewalt die Erdachse um 90° in ihrer Umlaufrichtung um und schalten gleichzeitig die Urbeschleunigung des Sonnensystems aus (s. Abb. III-4a-01). In diesem Augenblick bleiben die Lauf- bzw. Rotationsbewegungen der beiden noch unverändert wie vorher. Doch jetzt wird die Sonne vom senkrecht rotierenden Erdgravitationsfeld von unten beschleunigt statt vorher von der Ur-Beschleunigung. Und die Erde rotiert nach der Kippung in einer senkrechten Ebene und wird vom Sonnengravitationsfeld von hinten weiter angetrieben und grarotiert, statt vorher von der Ur-Beschleunigung (s. Abb. III-4a-02). Dann grarotieren sie einander und treiben sich ebenso an. Wenn sie so ewig laufen könnten, wäre es schon ein eigenständiges System, also ein Perpetuum mobile.

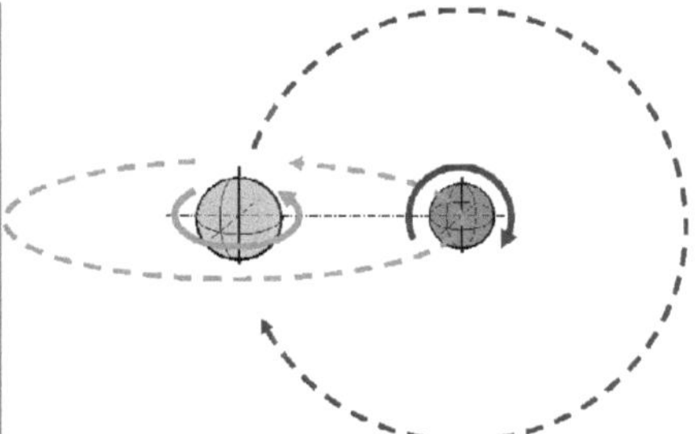

Die Frage ist nun, ob die Kräfte der beiden Gravitationsfelder ausreichen, um einander antreiben zu können, und damit ein solches System ohne eine Urkraft dauerhaft funktionieren kann.

Überlegen wir uns den ganzen Prozess Schritt für Schritt. Um zu vereinfachen, betrachten wir Erde und Sonne als starre und homogene Körper. In diesem Prozess sind die Gravitationen bzw. die Gravitationsfelder beider Körper unverändert gegenüber vorher. Aber die Rotationsgeschwindigkeiten, die jetzt von gegenseitigen Gravitationsfeldern statt zuvor von der Urbeschleunigung grarotiert werden, haben sich geändert. Also ist die Drehkraft der

Sonne jetzt gleich dem Gravitationsfeld der Erde und auch umgekehrt.

Normalerweise benötigt ein Körper, um sich im Gravitationsfeld eines anderen drehen zu können, die $2/\pi$-fache Stärke dieses Gravitationsfeldes. Wenn er aber genau von diesem Gravitationsfeld beschleunigt bzw. grarotiert wird, ist dieses für ihn kein Hindernis, weil die Richtung dieser Gravitationsfeldkraft zur Rotationsrichtung umgekippt ist.

Also hat die Umlaufwinkelgeschwindigkeit der Erde und der Sonne sich nicht geändert:

$$\omega_{E-Bahn} = v_E \,/\, R = \sqrt{MG \,/\, R^3}\,,$$

$$\omega_{S-Bahn} = v_S \,/\, R = \sqrt{mG \,/\, R^3}\,.$$

Ihre Rotationswinkelgeschwindigkeiten, die jetzt durch gegenseitige Gravitationsfeldkraft entstanden sind, werden wie folgt ermittelt:

$$\omega_{E-Rota} = \sqrt{\tfrac{16}{3\pi}\, g_S\, r_E} \,/\, r_E = \sqrt{\tfrac{16}{3\pi}\, MG \,/\, R^2\, r_E}\,,$$

$$\omega_{S-Rota} = \sqrt{\tfrac{16}{3\pi}\, g_E\, r_s} \,/\, r_s = \sqrt{\tfrac{16}{3\pi}\, mG \,/\, R^2\, r_s}\,.$$

(R: Distanz zwischen zwei Körpern,

r_E, r_S: Radius der Erde und Sonne,

v_E, v_S: Geschwindigkeit der Erde und Sonne,

g_E, g_S: Gravitation der Erde und Sonne,

m, M: Masse der Erde und Sonne,

G: Gravitationskonstante)

Damit ein solches System funktionieren kann, darf die Umlaufwinkelgeschwindigkeit eines Körpers nicht kleiner als die Rotationswinkelgeschwindigkeit des anderen sein:

1. $\omega_{E-Rota} \geq \omega_{S-Bahn}$,

2. $\omega_{S-Rota} \geq \omega_{E-Bahn}$.

Nun ist für zwei ungleich große Körper die von einem kleinen Körper grarotierte Rotationswinkelgeschwindigkeit des größeren Körpers relativ kleiner als umgekehrt. Folglich ist die zweite Bedingung hier die Schwachstelle dieses Systems. Konkret für Erde/Sonne ist sie die vom Erdgravitationsfeld grarotierte Rotationswinkelgeschwindigkeit der Sonne. Und tatsächlich stellen wir nach Berechnung fest, dass sich diese zweite Bedingung für das Erde/Sonne-System nicht erfüllt hat.

Damit also ein solches System überhaupt funktionieren kann, muss die Rotationswinkelgeschwindigkeit des größeren Körpers mindestens so groß wie die Umlaufwinkelgeschwindigkeit des kleineren Körpers sein:

$$\omega_{S-Rota} \geq \omega_{E-Bahn}.$$

Das heißt:

$$\sqrt{\tfrac{16}{3\pi} mG \ / \ R^2 r_s} \geq \sqrt{MG \ / \ R^3} \, ,$$

Daraus erhält man die Bedingung für ein solches System aus zwei ungleichen Körpern:

$$R \geq \tfrac{3\pi M}{16\,m}\, r_s \, . \qquad\qquad \text{(Gl. III-4a-1)}$$

Dies ist eine ziemlich lockere Bedingung. Solange sie erfüllt ist, können zwei beliebige Objekte ein solches Zweikörpersystem bilden, das ohne zusätzliche Energie ewig laufen kann und das wir ein souveränes System nennen. Zum Beispiel könnte aus Sonne und Jupiter ein derartiges Souveränitäts-System gebildet werden. Insbesondere für zwei identische Objekte ist diese Bedingung gleich:

$$R \geq \tfrac{3\pi}{16}\, r_s = 0{,}59\, r_s \, .$$

Weil der Abstand zwischen zwei gleichen Körpern ohnehin schon mindestens den zweifachen Radius des Körpers beträgt, sind sie also überhaupt nicht durch diese Bedingung beschränkt. Dann können zwei gleiche Körper, sowohl zwei gleiche Galaxien als auch zwei Elektronen, ein Souveränitäts-System bilden, und zwar ohne Beschränkung des Abstandes zwischen ihnen.

Diese Bedingung basiert indes auf der Annahme, dass beide beteiligten Objekte starr und homogen sind. Wir wissen auch, dass die gegenseitige Antreibung zwischen zwei Körpern auch durch ihren Kern erfolgen kann. Unter Berücksichtigung der Rolle des Kerns ist diese Bedingung noch locker.

*　*　*

Im obigen Gedankenexperiment haben wir die Rotationsachse der Erde künstlich um 90° gekippt. Das ist natürlich unmöglich und war auch nicht notwendig. Schauen wir uns nun das nächste Beispiel an.

Zum Beispiel Sonne und Jupiter: Die Bedingung für ein Souveränitäts-System ist erfüllt, sie drehen sich wie üblich. Wenn die Urkraft jetzt plötzlich verschwindet, werden die zuvor durch sie festgelegten Achsrichtungen frei beweglich sein.

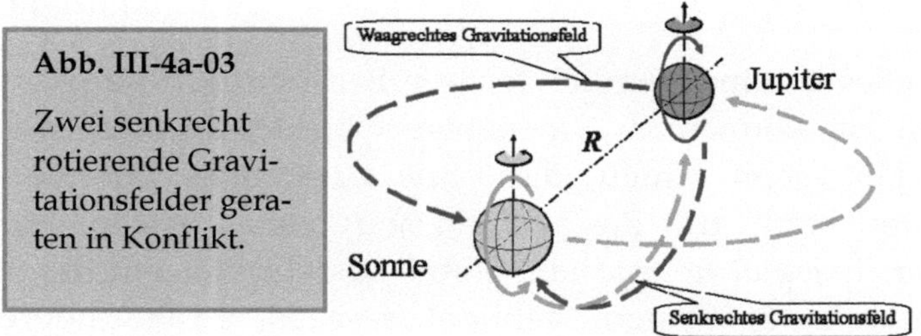

Abb. III-4a-03

Zwei senkrecht rotierende Gravitationsfelder geraten in Konflikt.

Wenn die Urkraft verschwindet, werden die Rotationen auf waagrechter Ebene wegen des Bremseffekts der Gravitationsfelder in Konflikt geraten. Weil sie jetzt auch zueinander grarotieren, rotieren sie auf der anderen Seite auf senkrechten Ebenen in umgekehrten Richtungen. Mit diesen senkrechten Rotationen treiben sich beide gegeneinander nach oben an. Durch diese Antreibungen in gleichen Richtungen entstehen auch Rückstoße für beide und sie können nicht umeinander laufen, was wiederum einen Konflikt verursacht (s. Abb. III-4a-03). Um die Konflikte zu vermeiden, werden die beiden Körper automatisch von derselben waagrechten Ebene abweichen, so dass sie auf zwei orthogonalen Ebenen, wo Widerstände frei sind, rotieren. Schließlich drehen sie sich konfliktfrei auf zwei orthogonalen Ebenen und stabilisieren sich. Dann können sie aneinander treiben wie auch umeinander laufen (s. Abb. III-4a-04) und sind ein natürliches Perpetuum-mobile-System geworden.

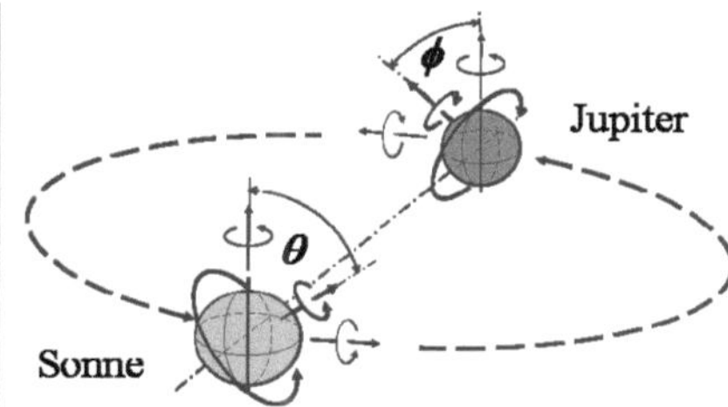

Abb. III-4a-04

Die zwei in Konflikt geratenen Körper werden automatisch auf zwei orthogonale Ebenen abweichen.

Dieses Beispiel ist ein Ergebnis unter der Annahme, dass die vorherige Urkraft plötzlich verschwindet. Das muss jedoch nicht sein. Wenn zum Beispiel die Sonne und der Jupiter, die vom Gravitationsfeld der Milchstraße angetrieben werden, sich immer weiter von dieser entfernen und dadurch die Gravitationsfeldkraft der Milchstraße immer kleiner geworden ist, werden ihre eigenen Gravitationsfelder langsam die Oberhand gewinnen. Ihre zuvor im Wesentlichen parallelen Drehachsen verschieben sich langsam zueinander und werden schließlich auf zwei orthogonalen Richtungen stabilisiert, wenn die Urkraft völlig verschwindet. Dann sind sie ein unabhängiges System geworden und von der Milchstraße befreit. Wenn die Masse dieses neu entstandenen Systems weiter wachsen würde, könnte es schließlich eine selbständige Galaxie werden, wie eine neue Galaxie geboren.

Also ist ein Perpetuum-System, das sich ausschließlich auf die Auswirkungen der Gravitation wie ein Permanentmagnet stützt, ohne dass zusätzliche Energie nachgefüllt werden muss, durchaus möglich. Und solche Systeme müssten auch tatsächlich in der Natur existieren. Es ist eine ganz einfache Konstruktion und durch einen simplen Mechanismus entstanden, der durchaus nachvollziehbar ist.

Die Existenz dieses dem irdischen Menschenwille wider-
strebenden Systems hängt jedoch von einer unabdingbaren
Voraussetzung ab, nämlich der Gravitation, einer natürlichen Kraft, welche die Natur uns kostenlos und unerschöpf-
lich zur Verfügung stellt. Obwohl die Gravitation eine nicht
bezweifelbare physikalische Realität ist, sieht aber diese
„unerschöpfliche und kostenlose Kraft" trotzdem irgendwie
nicht so natürlich aus. Damit werden wir uns noch ausei-
nandersetzen.

III. 4b
Zweite Sonne?

Das Sonnensystem ist von einer Urbeschleunigung angetrieben, die unserer Einschätzung zufolge

$$a_U = 4{,}8 \times 10^{-3}\, m/s^2 \text{ beträgt.}$$

Dies steht im Wesentlichen im Einklang mit unseren Berechnungen der Bewegung verschiedener Aspekte des Sonnensystems. Aus der Tatsache, dass das Sonnensystem um
das Zentrum der Milchstraße kreist, ist zu folgern, dass es
das Sonnensystem vom Gravitationsfeld der Milchstraße
angetrieben werden müsste. Mit anderen Worten: Die Intensität des Gravitationsfeldes der Milchstraße gegenüber dem
Sonnensystem sollte gleich der Ur-Beschleunigung des Sonnensystems sein. Nach unserem Kenntnisstand liegt sie jedoch nur in der Größenordnung von 10^{-10} m/s². Mit dieser
Kraft kann das Sonnensystem nicht so angetrieben werden,
wie es tatsächlich ist. Das heißt, dass die Ur-Beschleunigung
des Sonnensystems möglicherweise nicht von der Milchstraße kommt. Aber wenn dies so ist, woher kommt sie
dann?

Aus Kenntnis des Souveränitäts-Systems, das wir im
vorherigen Abschnitt vorgestellt haben, können wir durchaus vermuten, dass die Sonne möglicherweise Teil eines
Souveränitäts-Systems sein könnte. Dann könnte dieses Sys-

tem möglicherweise aus zwei Körpern bestehen und so ähnlich aussehen, wie in Abb. III-4b-01 gezeigt. Wir betrachten den anderen Stern als gleichrangig mit die Sonne, so dass er als deren Schwester angesehen werden kann. Deshalb nennen wir ihn zweite Sonne (oder Sonne 2).

Dann ist die ursprüngliche Beschleunigung des Sonnensystems gleich dem Gravitationsfeld von Sonne 2. Angenommen, der Abstand zwischen ihnen beträgt R, dann kann die Masse der Sonne 2 mit folgender Gravitationsformel berechnet werden:

$$g_2 = M_2 G / R^2 = a_U = 4{,}8 \times 10^{-3}\, m/s^2 .$$

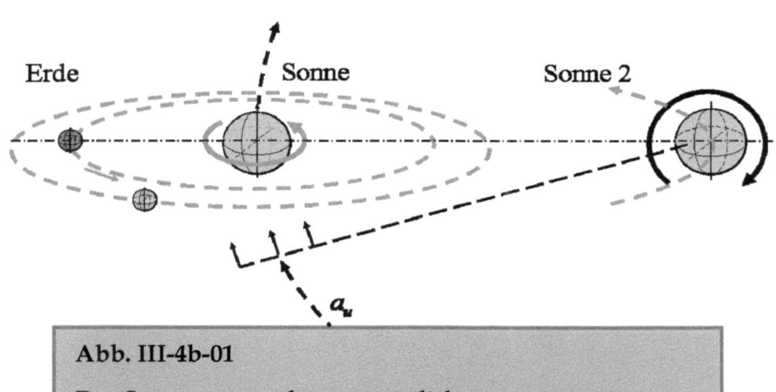

Abb. III-4b-01

Das Sonnensystem könnte möglicherweise von einem anderen Körper, der Sonne 2, angetrieben sein.

In der folgenden Tabelle III-4b-1 sind die Massen der Sonne 2 in verschiedenen möglichen Abständen zu der Sonne aufgelistet.

Tabelle III-4b-1: Mögliche Entfernung und Masse der Sonne 2.

R (Meter)	2×10^{13}	5×10^{13}	1×10^{14}	4×10^{14}	1×10^{15}
M_2 (kg)	$2{,}88 \times 10^{34}$	$1{,}8 \times 10^{35}$	$7{,}19 \times 10^{35}$	$1{,}15 \times 10^{37}$	$7{,}19 \times 10^{37}$

(R: Abstand Sonne-Sonne 2,
M_2: Masse der Sonne 2,

g_2: Gravitation der Sonne 2,

G: Gravitationskonstante)

Und wie könnte diese mögliche Sonne 2 aussehen?

- Wärmeenergie

In diesem Doppelsonnen-System entsteht die Wärmeenergie der Sonne durch das Gravitationsfeld der Sonne 2 und umgekehrt. Wir nehmen die Daten in der vierten Spalte von Tabelle III-4b-1 als Beispiel, in der die Masse von Sonne 2 ca. $1{,}15 \times 10^{37}\,kg$ und ihr Abstand zur Sonne ungefähr $4 \times 10^{14}\,m$ beträgt. Daher ist das Gravitationsfeld der Sonne zur Sonne 2 gleich

$$g_s = MG/R^2 = 1{,}33 \times 10^{-8}\,m/s^2.$$

Die Wärmeleistung der Sonne 2, die durch das Gravitationsfeld der Sonne erzeugt wird, kann wie die Wärmeenergie der Sonne mit der *III.* Teilenergie von Gl. II-2b-5 berechnet werden:

$$L = \frac{3\pi}{16} M_2 a_{U2}^2 t = \frac{3\pi}{16} M_2 (1{,}33 \times 10^{-8})^2 = 7{,}49 \times 10^{19}\,J/s.$$

Verglichen mit der zuvor berechneten Wärmeleistung unser Sonne von etwa $2{,}7 \times 10^{25}\,J/s$, beträgt die Wärmeleistung der Sonne 2 nur etwa 2,8 Millionstel davon, aber ihre Masse ist millionenfach so groß wie die der Sonne. Dann könnte die Sonne 2 offensichtlich nicht leuchten, und wenn doch, dann sehr schwach.

- Größe

Weil ein Souveränitäts-System aus zwei Körpern besteht und sich die Bedingung (Gl. III-4a-1a)

$$R \geq \frac{3\pi M}{16\,m} r_s$$

erfüllen muss, darf der Radius des größeren Körpers (Sonne 2) nicht größer als folgender sein:

$$r_2 \leq \frac{16\,MR}{3\pi M_2} = 1{,}17 \times 10^{8}\,m\;.$$

Das heißt, der Radius der Sonne 2, die millionenfach mehr Masse als die Sonne hat, wäre kleiner als derjenige der Sonne. Dann wäre die Massendichte von Sonne 2 ungefähr millionenfach größer als die der Sonne. Das ist jedoch unmöglich.

Wenn wir aber die Massendichte der Sonne 2 als gleich derjenigen der Sonne betrachten, wäre der Radius der Sonne 2 wie folgt:

$$r_2 = r_S \sqrt[3]{M_2 / M} = 1{,}25 \times 10^{11}\,m\;.$$

Bei der Ableitung der Bedingungen des souveränen Systems (Gl. III-4a-1a) wurde davon ausgegangen, dass beide Körper homogen sind. Aufgrund der Dichteergebnisse kann man sich vorstellen, dass Sonne 2 kein homogener Körper sein dürfte.

Als wir über Jupiters Rotation sprachen, haben wir auch gesehen, dass sein Mond Metis deshalb so schnell umlaufen kann, weil dies auf den Drehmotoreffekt des Jupiterkerns zurückzuführen ist. Wenn sich alle Jupitermassen auf seinen Kern konzentrieren würden, erreichte die Dichte des Jupiterkerns auch fast das Millionenfache der durchschnittlichen Jupitermasse. So gesehen, könnte die Sonne 2 auch ein Körper ähnlich wie Jupiter und daher einem Gasplaneten ähnlich sein. Dann könnte der berechnete Radius r_2 möglicherweise der Kernradius von Sonne 2 sein.

Wie gesagt, in einem Souveränitäts-System laufen zwei beteiligte Körper auf zwei orthogonalen Ebenen umeinander. Und es könnte sich der eine immer auf der Rotationsebene des anderen befinden. Wenn also die Sonne 2 tatsächlich existierte, könnte sie möglicherweise auch ungefähr auf Ekliptikebene um die Sonne laufen, wie ein Planet, aber mit senkrechter Rotation. Und sie leuchtet auch nicht wie ein Planet. Dies erinnert uns an den Planeten 9, nach dem viele stets fieberhaft auf der Suche sind.

Ein Planet 9 könnte irgendwo existieren. Aber mit seiner geschätzten zehnmal so großen Masse wie die der Erde würde er keinen nennenswerten Einfluss auf das Sonnensystem haben. Wenn es jedoch keine Kraftquelle gibt, die das Sonnensystem mit einer Kraft von etwa 4.8×10^{-3} m/s^2 versorgen kann, müsste eine Sonne 2 existieren. Andernfalls funktioniert unser gesamtes Sonnensystem nicht, zumindest nicht so, wie es tatsächlich ist. Es sei denn, die tatsächliche Masse der Milchstraße ist viel größer als geschätzt.

Es gibt jedoch auch ein Gegenargument: Denn die Rotationsachse der Erde zeigt immer nach Norden. Wenn das Sonnensystem wie in Abbildung III-4b-01 um die Sonne 2 läuft, wird sich die Ekliptikebene des Sonnensystems immer im Raum drehen, daher ist es nahezu unmöglich, dass die Erdachse sich immer in einer und derselben Richtung zeigt. Aber absolut unmöglich ist es wohl auch nicht. Aus Abbildung III-4a-04 sehen wir, dass die zwei Körper möglicherweise auf einer waagrechten Ebene umeinander laufen. Dann kreist die Sonnenachse auf einem ca. 90°-Kegel. Außerdem steht die Rotationsachse der Erde auch nicht parallel zur Sonnenachse. Darüber hinaus ist dieses hypothetische Doppelsonnen-System nicht vom Einfluss der Milchstraße befreit, so dass die Umdrehung zwischen ihnen nicht genau in zwei orthogonalen Ebenen erfolgen könnte. Mit anderen Worten: Es gibt noch viele Variable. Aber obwohl es nicht absolut unmöglich ist, ist die Chance, dass die Erdachse immer nach Norden zeigt, doch sehr gering.

Wenn eine Sonne 2 nicht existiert, woher kommt aber die Urkraft für das Sonnensystem? Ein schwarzes Loch, das sich rotiert? Könnte man vielleicht sagen. Einer solchen Spekulation möchten wir uns aber nicht anschließen.

Es spielt keine Rolle, ob eine Sonne 2 existiert oder nicht. Das souveräne System, das aus zwei Körpern besteht, muss es geben. Im Hinblick auf dieses vermutete Doppelsonnen-System haben wir aber gesehen, dass in einem solchen die Energie, die ein kleinerer Körper von einem größeren Körper erhält, viel größer ist als umgekehrt. Wenn nur einer der beiden Körper wie ein Stern leuchtet, ist es dann der kleinere von ihnen, nicht aber der größere. Wenn im Allgemeinen ein nicht leuchtender Himmelskörper als Planet bezeichnet wird, läuft dann der Stern um den Planeten? Das heißt, bei einem Stern, der am Himmel existiert, insbesondere einem einzelnen, könnte sich dahinter ein großer Planet verstecken, der um das Millionen- oder sogar Milliardenfache größer als dieser Stern ist. Nach dieser Vermutung könnte die tatsächliche Masse der Milchstraße viel größer sein als diejenige, die hauptsächlich aus der Anzahl der Sterne berechnet wurde. Dann könnte das Massendefizit der Galaxie durch die Masse der großen Planeten kompensiert werden, die sich hinter den Sternen verbergen, so dass die Masse der Galaxie doch so groß sein könnte, dass sie eine Anziehungskraft von $4{,}8 \times 10^{-3}$ m/s^2 zum Sonnensystem liefert. Dann wäre die sogenannte dunkle Materie nicht unsichtbar, sondern nur noch nicht von den irdischen Menschen erkannt worden.

Aber wenn die Urbeschleunigung von der Milchstraße käme, müsste die Masse der Milchstraße innerhalb der Umlaufbahn des Sonnensystems ca.

$$M = a_U R^2 / G = 4{,}86 \times 10^{48}\, kg$$

sein, und würde die Umlaufgeschwindigkeit des Sonnensystems um die Milchstraße

$$v = \sqrt{MG/R} = 1{,}1 \times 10^9\, m/s \text{ betragen.}$$

(M : Masse der Milchstraße,

G: Gravitationskonstante,

R = ca. 26000 LJ: Abstand Sonne/Milchstraße)

Das wäre größer als die Lichtgeschwindigkeit, was jedoch unmöglich ist! Dann müsste es doch eine Sonne 2 geben?!

III. 4c
Planetenbahn

Aus der Umlaufbahn des Mondes um die Erde haben wir gesehen, dass die vom Grundkreis abweichende Mondumlaufbahn (exzentrische Bahn) durch den Einfluss der Sonne verursacht wird. Ohne diese äußere Kraft müsste die Umlaufbahn des Mondes perfekt kreisförmig sein. Dieses Prinzip gilt auch für Planeten, welche die Sonne umkreisen. Der Unterschied besteht darin, dass es neben einer möglichen Sonne 2 noch andere Planeten im Sonnensystem gibt, die das Umlaufen jedes Planeten mit unterschiedlichen Stärken und Positionen beeinflussen. Die vermutete Sonne 2 und das Sonnensystem drehen sich orthogonal zueinander, und ihre Wirkung auf den Planeten unterscheidet sich von derjenigen der Sonne auf den Mond. Das alles macht eine Berechnung von Planetenbahnen nahezu unmöglich.

Aus dem Abschnitt „Vereinfachte Mondumlaufbahn" wissen wir auch, dass die Umlaufbahn eines Satelliten eine Schwingung um seinen Grundkreis ist. Aus der Entstehung der Mondumlaufbahn geht hervor, dass dies das Grundprinzip einer Laufbahn des himmlischen Körpers bildet. Für einen regulären Planeten ist das Prinzip der Bahnentstehung gleich, obwohl er vielen Außenkräften unterliegt. Das heißt, die Laufbahn eines Planeten ist eine Hin-und-her-Bewegung um den Grundkreis, also eine Art von Schwingung. Und das Wesen der Schwingung ist das, was die Eigenschaft der Trägheit ausmacht. Ohne Trägheit wäre die Mondbahn, die durch Einfluss der Sonne entstanden ist, nicht so, wie sie ist (s. Abb. III-2f-01). Die Außenkraft ist die Ursache der Schwingung, aber die Spielregeln werden von der Trägheit bestimmt.

An verschiedenen Arten der Schwingung kann beobachtet werden, dass die Art und Weise der Bewegung von zwei Seiten des neutralen Punktes grundsätzlich symmetrisch ist, obwohl die Einflüsse der Außenkräfte für zwei Seiten total anders sein könnten. Das bedeutet, dass die Trägheit im Zustand der Bewegung nicht nur in der gegenwärtigen Zeit verharrt, sie tut es auch im Bewegungs-Prozess der vorhergegangenen Schwingung auf der anderen Seite des Neutralpunktes, als ob sie eine biologisch ähnliche DNA hätte. Daher müsste eine reguläre Planetenbahn, obwohl sie von mehreren äußeren Kräften beeinflusst wird, auch im Wesentlichen eine Schwingung um den Grundkreis sein. Aus diesem Aspekt, dass die Planetenbahn eine Art der Schwingung bildet, kann sie allein aus dem bekannten Grundkreis und dem exzentrischen Abstand wie die vereinfachte Mondbahn (Gl. III-2g-1), ohne dies zu intensivieren, sowie die folgende Gleichung beschrieben werden:

$$R(\theta) = R_0 + A\sin\theta\,. \qquad \text{(Gl. III-4c-1)}$$

(R_0: Radius der Basisbahn,
A: Exzentner-Abstand)

Genauso ist die Form der Planetenbahn gleich derjenigen der Mondbahn, also der Kontur eines Exzentners (s. Abb. III-2c-01).

Die Umlaufgeschwindigkeit des Planeten kann ebenso wie die des Mondes berechnet werden:

$$v(R) = 2\sqrt{MG/R(\theta)} - \sqrt{MG/R_0}\,. \qquad \text{(Gl. III-4c-2)}$$

(M: Sonnenmasse, G: Gravitationskonstante)

Auch der Umfang der Planetenbahn ist auf die gleiche Weise zu berechnen, wie der des Mondes:

$$S = 2\pi R_0 + A(4 - \pi)\,. \qquad \text{(Gl. III-4c-3)}$$

(π: Normales π)

Diese Planetenbahn gilt nur für die reguläre Bahn. Natürlich ist die äußere Kraft, welche die Umlaufbahn eines Planeten beeinflusst, viel komplizierter. So könnte z. B. die Umlaufbahn Plutos wahrscheinlich durch Einfluss der Kraft außerhalb des Sonnensystems gebildet werden (Sonne 2?).

*   *   *

Wir erkennen, dass die Umlaufbahn eines Planeten hauptsächlich durch Gravitationsfelder aller anderen Planeten innerhalb und außerhalb seiner Umlaufbahn beeinflusst wird. Der Einfluss von Planeten außerhalb ihrer Umlaufbahn ist ungefähr gleich dem der Sonne auf den Mond. Dadurch wurde ihre große Bahnachse in die „Länge" gezogen. Richtig gesagt, ist ihre Exzentrizität vergrößert. Was ist aber mit dem Einfluss der Planeten innerhalb der Umlaufbahn?

Zum Beispiel läuft ein Planet A in einer exzentrischen Bahn, die aus Gravitationsfeldern seiner äußeren Planeten entstanden ist. Dann fliegt ein innerer Planet B am Perihel des Planeten A vorbei. Da der Planet B schneller als A ist, beschleunigt er diesen (s. III-4c-01). Dadurch vergrößert sich seine Umlaufgeschwindigkeit und mit dieser auch die zentrifugale Kraft. Dann wird sich der Planet A etwas nach außen bewegen. Da der Planet B am Perihel von A vorbeifliegt, ist der Abstand zwischen ihnen am kleinsten und dieser Effekt am größten. Somit wird die Exzentrizität seiner Umlaufbahn abnehmen und allmählich runder werden. Das heißt, die Bahnform eines Planeten wird durch andere Planeten innerhalb seiner Umlaufbahn etwas runder.

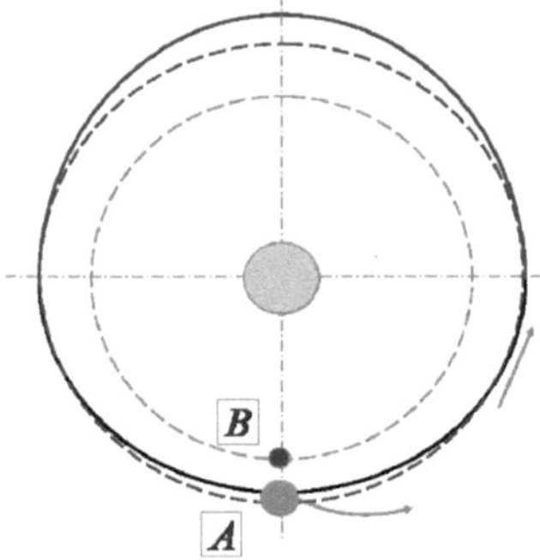

Abb. III-4c-01

Die Planetenbahn wird durch den Einfluss eines inneren Planeten etwas runder.

III. 4d
Die Keplerschen Gesetze

Vor mehr als 400 Jahren beschrieb Johannes Kepler die Planetenbahn als elliptische Bahn. Dies ist die allgemein anerkannte Planetenbahn. Deren Richtigkeit wurde bisher von niemandem bezweifelt. Der Unterschied zwischen exzentrischer und elliptischer Bahn soll im Folgenden beschrieben werden (s. Abb. III-4d-01).

Der Hauptunterschied liegt darin, dass bei exzentrischer Bahn die Länge der kleinen Achse grundsätzlich gleich derjenigen der großen Achse ist, und die Sonne auf dem Kreuzpunkt der kleinen und großen Achse steht, während bei elliptischer Bahn die kleine Achse immer kleiner als die große Achse ist, solange die Exzentrizität nicht gleich null ist und die Sonne auf einem der Brennpunkte der Ellipse liegt.

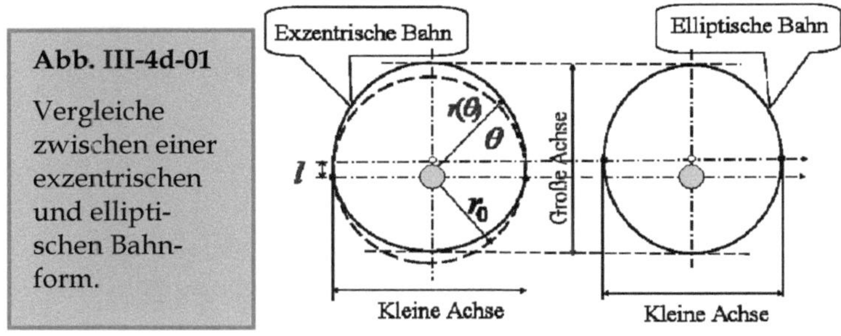

Abb. III-4d-01

Vergleiche zwischen einer exzentrischen und elliptischen Bahnform.

	Exzentrische:	Elliptische:
Formel:	$r(\theta) = r_0 + A\sin\theta$.	$r(\phi) = p/(1 + \varepsilon.\cos\phi)$.
Achsen:	Gr. Achse = Kl. Achse.	Gr. Achse > Kl. Achse.
Position der Kl. Achse :	Durch die Sonne.	Durch den Mittelpunkt der Elipse.
Sonnenposition:	Exzentrischer Punkt	Im Brennpunkt

Gemäß unserer Kenntnis ist die kleine Bahnachse tatsächlich ungefähr so lang wie die große. Diese Tatsache will aber anscheinend niemand erwähnen. Aus Kenntnis der Schwingung sind die Amplituden an den zwei Seiten des Neutralpunktes grundsätzlich gleich. Daher stimmt zumindest nach unserer Ansicht das erste Keplersche Gesetz, das besagt: *„Die Planeten bewegen sich auf elliptischen Bahnen. In einem ihrer Brennpunkte steht die Sonne"*, nicht wirklich.

*   *   *

Auch das zweite Keplersche Gesetz, das lautet: *„Ein von der Sonne zum Planeten gezogener Fahrstrahl überstreicht in gleichen Zeiten gleich große Flächen"*, kann deshalb nicht richtig sein, weil es aus dem sogenannten Drehimpulserhaltungssatz hergeleitet ist, der nur unter einer Bedingung Gültigkeit besitzt, nämlich wenn kein Drehmoment auf das System einwirkt. In Wahrheit ist aber genau das Gegenteil der Fall: Das Umlaufen des Planeten entsteht durch das Drehmoment des Gravitationsfeldes der Sonne.

Wenn also dieser sogenannte Drehimpulserhaltungssatz, der ein fundamentaler Erhaltungssatz in der modernen Physik ist, überhaupt einen Sinn hätte, würde er auch für Bewegungen der Planeten nicht verwendbar sein können.

Wenn der Radius eines um einen Zentralpunkt kreisenden Körpers durch eine radiale Kraft geändert wird, bleibt die Geschwindigkeit des Körpers ohne einwirkendes Außendrehmoment unverändert, weil, wie wir wissen, die radiale Kraft keinen Einfluss auf die tangentiale Geschwindigkeit hat. Damit hat sich auch die kinetische Energie nicht geändert. Daher ist der Drehimpulserhaltungssatz einfach falsch:

$$L = mrv \neq Konstante!$$

Der Trägheitsregel zufolge ist das Quadrat der Geschwindigkeit bei Kreisbewegung ohne einwirkendes Außendrehmoment immer konstant:

$$v^2 = ra_\otimes = Konstante .$$

Für einen von einem Drehmoment $M = mar$ beschleunigten Körper ist das Quadrat der Geschwindigkeit immer gleich diesem Außendrehmoment (in Beschleunigung):

$$v^2 = ra. \qquad (t \to \infty)$$

* * *

Das dritte Keplersche Gesetz besagt: *„Die Quadrate der Umlaufzeiten zweier Planeten verhalten sich wie die dritten Potenzen der großen Halbachse der Ellipse."* In einer Formel ausgedrückt:

$$\left(\frac{T_1}{T_2}\right)^2 = \left(\frac{a_1}{a_2}\right)^3 .$$

Gemäß der exzentrischen Planetenbahn ist die große Halbachse im Prinzip gleich dem Radius des Grundkreises. Unter der Betrachtung, dass der Umfang der Planetenlaufbahn annähernd dem Umfang des Grundkreises entspricht, ist die Periode der Umlaufbahn des Planeten auch ungefähr gleich dem Grundumfang, geteilt durch die Grundgeschwindigkeit:

$$T = \frac{2\pi r_0}{\sqrt{MG / r_0}} .$$

Angenommen, die großen Halbachsen zweier Planeten (sie entsprechen den Grundkreisradien) sind a_1 und a_2. Dann ist ihr Periodenverhältnis zwischen ihnen das folgende:

$$\frac{T_1}{T_2} = \frac{\dfrac{2\pi a_1}{\sqrt{MG / a_1}}}{\dfrac{2\pi a_2}{\sqrt{MG / a_2}}} = \left(\frac{a_1}{a_2}\right)^{3/2} .$$

Daraus ergibt sich

$$\left(\frac{T_1}{T_2}\right)^2 = \left(\frac{a_1}{a_2}\right)^3 .$$

Also nur unter der Voraussetzung, dass der Umfang der exzentrischen Bahn gleich dem des Grundkreises ist oder die Bahnformen aller Planeten gleich sind, ist Keplers drittes Gesetz korrekt. Aber die physikalische Bedeutung dieses Gesetzes ist nicht viel mehr als eine primitive physikalische Erkenntnis, nämlich:

Zurückgelegte Strecke = Geschwindigkeit × Zeit.

III. 4e
Ein lebendiges Sonnensystem in Miniatur

Dass das rotierende Gravitationsfeld eines Körpers ein anderes Objekt antreiben und dazu führen kann, dass dieses um ihn kreist, ist eine unbestreitbare Tatsache. Auch ein rotierender Magnet kann natürlich die von ihm angezogenen kleinen Eisenkügelchen dazu bringen, um ihn herum zu laufen. Daraus kann man ein interessantes Experiment gestalten:

Wenn man ein mit Magneten gerüstetes Gyroskop in einem schwerelosen Raum, wie etwa dem einer ISS (Internationalen Raumstation) in der Luft schweben und rotieren lässt und ein paar der Eisenkügelchen mit verschiedener Größe in unterschiedlichen Abstanden zu dem Gyroskop platziert, könnten diese Kügelchen von dem rotierenden Magnetfeld des Gyroskops angetrieben werden und um dieses kreisen. Dies ist dauerhaft möglich, solange das Gyroskop rotiert, wie die Planeten um die Sonne, also ein Miniatur-Sonnensystem. Dabei kann man diese Bewegungen im Sonnensystem praktisch live beobachten. Und wir wären wahrscheinlich gar nicht so überrascht darüber, zu sehen, dass je näher ein Eisenkügelchen am Gyroskop liegt, es sich umso schneller um dieses bewegt. Das ist doch ein ganz selbstverständliches Phänomen (s. Abb. III-4e-01).

Ob die „Planeten" sogar möglicherweise infolge des magnetischen Feldes durch den Grarotationseffekt auf einer senkrechten Ebene rotieren könnten, lässt sich nur vermuten.

Dieses Spielchen könnte auch auf der Erde durchgeführt werden. Dazu braucht man eine etwas größere Glasscheibe in waagrechter Ebene und ein mit einem kleinen Motor angetriebenes magnetisches Gyroskop, das in der Mitte der Glasscheibe platziert ist. Der Reibungswiderstand zwischen dem Eisenkügelchen und der Glasscheibe dürfte, so wie der Luftwiderstand in der Raumstation, kein Problem sein. Eine senkrechte Rotation kann man auf der Glasscheibe aber nicht erwarten.

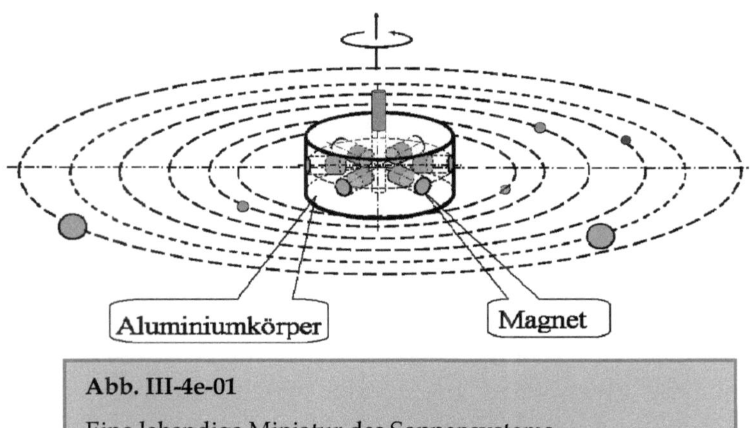

Abb. III-4e-01

Eine lebendige Miniatur des Sonnensystems.

III. 5

Gravitation

III. 5a
Energie der Gravitation

Bisherigen Theorien zufolge ist die Gravitation einfach die von Geburt an vorhandene Eigenschaft der Masse. Sie kann somit alles anziehen und ewige Arbeiten leisten, ohne die geringste Energie zu benötigen; dadurch kann aber unendliche Energie erzeugt werden. Das ist, kann man wohl sagen, doch ein Unding in der Physik.

Wir haben gesehen: Allein mit Gravitation als permanentem Magnet hat die Natur ein Souveränitäts-System geschaffen. Es sieht wirklich so aus, als würde, um Energie zu erzeugen, keine zusätzliche nötig. Das kann doch nicht wahr sein. Dann müssen wir mal genau anschauen, wie ein Souveränitäts-System funktioniert.

Als Beispiel nehmen wir ein Doppelsternsystem aus zwei Sternen A und B, die unserer Sonne gleich sind. Wie gesagt, aus zwei gleichen Körpern kann ein Souveränitäts-System ohne Beschränkung gebildet werden. Um einen besseren Überblick zu bekommen, nehmen wir an, dass die Gravitationen der zwei Sterne zueinander gleich groß sind und die Urbeschleunigung für unser Sonnensystem liefern. Dadurch wird jeder Stern von dem anderen so beschleunigt wie die Sonne von der Urbeschleunigung. Dann müsste der Abstand zwischen den beiden wie folgt zu berechnen sein:

$$R = \sqrt{\frac{MG}{a_U}} = 1{,}6627 \times 10^{11}\,m\ .$$

(M: Sonnenmasse, G: Gravitationskonstante,
$a_U = 4{,}8 \times 10^{-3}\,m/s$: Ur-Beschleunigung für Sonnensystem)

Nun kreisen die zwei Sterne mit einem Abstand R umeinander auf zwei orthogonalen Ebenen (s. Abb. III-5a-01).

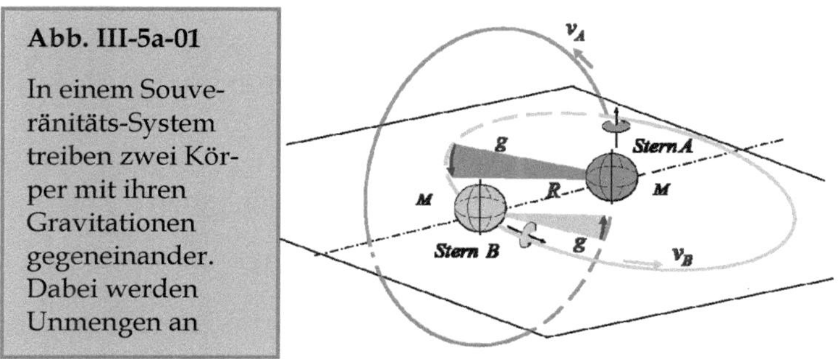

Dieses System kann ohne zusätzliche Energie ewig laufen. Jeden Schritt in diesem Prozess haben wir schon im Laufe dieses Buchs erklärt. Nun fassen wir das Ganze noch einmal zusammen, um zu sehen, wie viel Energie dabei entstanden ist und wie sie verbraucht wird.

Wenn Stern A etwa vom Gravitationsfeld des Sterns B beschleunigt wird, geschieht dies mit der maximalen Geschwindigkeit von

$$v_0 = \sqrt{MG/R} = 2{,}8251 \times 10^4\, m/s\,.$$

Die gesamte Energie, die nach der maximalen Geschwindigkeit erzeugt wird, ist laut Gl. II-2a-1

$$E = \tfrac{1}{2} M (v_0 + g_{*B} t)^2 = \tfrac{1}{2} M v_0^2 + M v_0 g_{*B} t + \tfrac{1}{2} M (g_{*B} t)^2\,.$$

$$\underbrace{\qquad}_{1.} \qquad \underbrace{\qquad}_{2.} \qquad \underbrace{\qquad}_{3.}$$

($g_* = a_U$: Gravitationsfeld von A und B)

Davon ist der 1. Teil die kinetische Energie aus v_0, die unverändert bleibt.

Der 2. Teil ist die Energie, die durch Antreibung gegen den Trägheitswiderstand hätte entstehen können und die wir tangentiale Trägheitsenergie genannt haben.

Der 3. Teil ist die Energie, die zwangsläufig in Rotationskraft verwandelt wird. Dadurch wird der Stern A grarotiert.

Durch Rotationsträgheit wird die Rotationsgeschwindigkeit auch beschränkt auf maximale

$$v_{0-R} = \sqrt{\tfrac{16}{3\pi} g_* R} = 2,3815 \times 10^3 \, m/s \, .$$

Die gesamte Energie ist nach der maximalen Rotationsgeschwindigkeit laut Gl. II-2b-2

$$E_{Rot} = \frac{3\pi}{32} M(v_{0-R} + g_{*_B}t)^2 = \underbrace{\frac{3\pi}{32} Mv_{0-R}^2}_{\text{I.}} + \underbrace{\frac{3\pi}{16} Mv_{0-R}g_{*_B}t}_{\text{II.}} + \underbrace{\frac{3\pi}{32} M(g_{*_B}t)^2}_{\text{III.}}$$

Davon ist der I. Teil die kinetische Rotationsenergie aus v_{0-R}, die unverändert bleibt.

Der II. Teil ist die Energie, die durch Rotationskraft gegen den Rotations-Trägheitswiderstand hätte entstehen können und die wir als Rotations-Trägheitsenergie bezeichnen.

Der III. Teil wird zu Wärme umgewandelt.

Die obigen 6 Teile umfassen die gesamte Energie, die der Stern A dadurch bekommen hat. All diese Energie wird durch das Gravitationsfeld des Sterns B erzeugt, das von der Natur kostenlos zur Verfügung gestellt wurde. Das Gleiche gilt auch für Stern B.

Merkwürdig sind die 2. und II. Energie. Sie wurden einfach von der Masse geschluckt und verschwanden. Sie haben sich an dem Prozess nicht beteiligt und nichts dazu beigetragen. Es handelt sich hier um eine Unsumme an Energiemenge von ca.

$$E_{2+II} = \frac{1}{2} Mv_0^2 + \frac{3\pi}{32} Mv_{0-R}^2 = 7,92 \times 10^{38} + 3,31 \times 10^{36} \, J/s \, .$$

Diese ist etwa das 10^{12}-Fache dessen, was jeder Stern für Wärme aufgewendet hat.

Andererseits sehen wir, dass dieses Doppelsternsystem einfach nur durch die Kräfte der Gravitationen funktioniert, ohne jegliche zusätzliche Energie zu benötigen. Dabei wird, außer der gesamten Wärme, noch dieses 10^{12}-Fache der Sonnenwärme-Energie pro Sekunde produziert oder es kann produziert werden.

Welche Schlussfolgerungen können wir aus diesen beiden ungewöhnlichen Ereignissen ziehen?

1. Einerseits liefert die Masse umsonst die Kraft, die Arbeit leistet und dadurch so viel Energie erzeugt.

2. Andererseits wird so viel Energie von der Masse einfach geschluckt und verschwindet.

Es besteht somit kein Zweifel daran, dass die Energie, die für die Arbeit der Gravitation unverzichtbar benötigt wird, genau von diesen anscheinend verschwundenen Trägheitsenergien stammen müsste. Also wäre die Trägheitsenergie diejenige der Gravitation.

III. 5b
Wechselwirkung und Verschränkung

Man könnte allerdings fragen: Wenn die Gravitation durch Trägheitsenergie entstanden ist, aber diese wiederum von der Arbeit der Gravitation erzeugt wurde, wo befindet sich der Anfang? Diese Unklarheit würde uns in den Strudel einer alten philosophischen Frage bringen:

„Wer war zuerst da – das Ei oder die Henne?"

In der Tat zeigt die Koexistenz von Eiern und Hühnern eine Tatsache: Sie scheinen zwei getrennte Ereignisse zu sein, sind aber miteinander verbunden. Ohne das eine gibt es das andere nicht. Sie sind ein Ganzes und voneinander nicht trennbar. Auch das souveräne System aus zwei Sternen steht unter dem gleichen Prinzip. Es sieht so aus, als ob es in der Natur einen Grundmechanismus gebe, der alles regelt, von den Lebewesen bis zu den himmlischen Geschehnissen.

Als Beispiel treiben in einem Souveränitäts-System zwei Körper einander an. Sie sind zwar zwei einzelne Körper, aber von diesem System gebunden und nicht trennbar. Dadurch generieren sie füreinander die Energie, die für antreibende Kräfte benötigt wird, damit sie wiederum einander beeinflussen können. Das ist, im wahrsten Sinne des Wortes,

die Wechselwirkung!

Wir haben schon seit Langem geahnt, dass die Naturkräfte durch Wechselwirkung zweier Körper entstanden sind, wussten aber nicht, wie und mit welchem Mechanismus es funktioniert. Beim Souveränitäts-System haben wir gesehen, dass zwei Körper in einem solchen mit ihren Gravitationsfeldern treiben und sich gegenseitig am Laufen halten. Durch Trägheit wird der Geschwindigkeitzuwachs des angetriebenen Körpers verhindert, wodurch Kräfte für beide Körper entstehen. Wie wir schon angesprochen haben: Die Kraft wird nur entstehen, wenn die Bewegung des Massekörpers verhindert wird. Durch Wechselwirkung wird nicht nur Kraft erzeugt, sondern auch Geschwindigkeit, also die Bewegung. Ohne Bewegung gibt es keine Kraft, ohne Kraft keine Bewegung. Sie sind miteinander korreliert. Auch Rotation der beiden Körper wird durch Wechselwirkung entstanden, sie ist auch für diese Funktion eine wichtige Komponete, die notwendig ist, damit eine Wechselwirkung überhaupt funktionieren kann.

So funktioniert die sogenannte Wechselwirkung wirklich: Durch ein Souveränitäts-System, in dem zwei Körper aneinander treiben und grarotieren, entstehen die Kräfte, mit denen sie sich wiederum einander bewegen. Das ist der Mechanismus der Wechselwirkung.

Und diese erstaunliche Wunderwirkung, durch welche die Natur erst lebendig geworden ist, lässt sich auf die einfachste Eigenschaft der Masse zurückführen:

die Trägheit!

In einem Souveränitäts-System laufen zwei Körper umeinander auf zwei orthogonalen Ebenen. Wenn einer der Körper von seiner Rotationsebene abweicht, werden beide Gravitationsfelder in den Konflikt geraten. Dann werden die abgewichenen orthogonalen Ebenen wieder automatisch hergestellt. Das heißt, dass zwei Körper, aus denen ein Souveränitäts-System gebildet ist, in ihren orthogonalen Positionen verharren, solange das System bleibt. Also sind sie miteinander korreliert. Ein mysteriöses Phänomen, das bezeichnet wurde als

Verschränkung!

Also existiert die Verschränkung auch in der makroskopischen Welt. Sie ist kein spukhaftes Phänomen, sondern nur ein einfaches physikalisches, das vollständig nachvollziehbar ist.

Eigentlich ist es schon klar, dass, wenn zwei Körper miteinander wechselwirken und voneinander korreliert sind, sie auch miteinander verschränkt und logischerweise in einem System gebunden sein müssen. Dieses System heißt:

Souveränitäts-System!

Genau dieses Perpetuum-System, das sich fast allen bisherigen physikalischen Gesetzen und Theorien widersetzt, ermöglicht es, dass alle diese physikalischen Phänomene sachlich zu erklären.

III. 5c
Entstehung der Gravitationskraft

Die Frage ist nun, wie eine solche anziehende Gravitationskraft überhaupt entstanden ist. Wir wissen zwar, dass deren Energie aus der Trägheitsenergie kommt, aber die Energie allein noch lange nicht gleich der Kraft ist. Wie gesagt: Kraft ist durch Bewegung entstanden, und zwar nur dann, wenn die Bewegung des Massekörpers behindert wird. Wenn ein Körper dauerhaft Kraft besitzt, muss er sich dauerhaft bewegen und gebremst werden. Damit er nicht durch Bremsung zum Stillstand kommen soll, muss er wiederum ständig beschleunigt werden. Einen solchen Prozess kennen wir schon irgendwie, oder?

Erlauben wir uns, noch ein Gedankenexperiment durchzuführen:

Betrachten wir zwei Körper A und B, die sich unabhängig voneinander im Raum bewegen. Angenommen, sie besitzen keine Gravitationen, d. h., sie können nicht einander anziehen.

Wenn die beiden Körper zufällig etwa schräg gegeneinander stoßen (s. III-5c-01), entstehen zwei Kräfte F_A und F_B, die sich gegenseitig abstoßen. Auf diese abstoßenden Kräfte reagiert jeder Körper in dem Moment, wo diese Kräfte einwirken, mit einer Trägheitskraft

$$f_{\otimes A} \text{ und } f_{\otimes B} \, .$$

Mit dieser Trägheit verharrt jeder Körper in seinem Zustand, damit er möglichst nicht abgestoßen wird. Und der Effekt daraus wirkt, als ob die beiden Körper voneinander gegen das Abstoßen angezogen werden. Wir müssen zuerst nicht wissen, wie stark sie sind. Wichtig ist, dass sie mehr oder weniger voneinander angezogen werden. Ja, du hast richtig gelesen, sie ziehen einander an. Die zwei Körper ohne Gravitationskräfte werden voneinander angezogen!

Und gleichzeitig werden die beiden Körper, weil dies ein schräger Stoß ist, auch dadurch in gleicher Richtung rotieren. Also werden sie voneinander angezogen und rotieren auch zeitgleich in die gleiche Richtung. Daraus entsteht zudem das Feld dieser anziehenden Trägheitskraft. Angenommen, dieses Trägheitsfeld ist fähig, in die Ferne zu wirken. Somit treiben sich die Körper auch dazu an, umeinander zu laufen. Dadurch werden sie voneinander nach außen weggeschleudert. Diesen Wegschleuderungen entgegen entstehen wiederum die Trägheitskräfte auf beiden Seiten, die wiederum einander anziehen, mehr oder weniger.

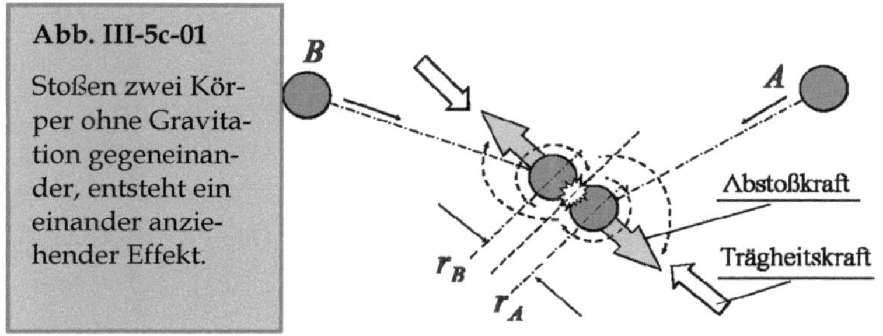

Weil sie in gleicher Richtung rotieren, geraten die rotierenden Trägheitsfelder in Konflikt miteinander. Um diesen zu vermeiden, werden sie auf zwei orthogonale Ebenen ausweichen. Dann laufen sie umeinander auf diesen Ebenen und schleudern sich darauf weiter voneinander weg. Dagegen entstehen wiederum die Trägheitskräfte, mit denen sie sich weiter einander anziehen. Wenn sie es schaffen könnten, ein dynamisches Gleichgewicht zu erlangen, könnten sie so ewig umeinander laufen.

So könnten zwei nicht gravitationsfähige Körper unter Umständen ein Souveränitäts-System werden, das statt normaler Gravitation mit der Trägheit entstanden ist. Dabei haben wir aber angenommen, dass die Trägheitskraft ebenso wie die Gravitation fähig ist, fern zu wirken, was sicher nicht unstrittig sein dürfte.

Im Grunde wissen wir eigentlich nicht einmal, was die Fernwirkung tatsächlich ist, wie sie entsteht und wie sie funktioniert. Das heißt, während wir die Gravitation als anziehende Kraft angenommen haben, haben wir auch stillschweigend akzeptiert, dass diese fähig ist, fern zu wirken. Wir haben nur deshalb daran glauben können, weil wir dieses Phänomen beobachten, aber nicht erklären können.

In der Tat ist die Trägheit eine Kraft, die hauptsächlich durch Beschleunigung mit anderen wechselwirkt. Und allein die Beschleunigung ohne Beteiligung von Masse ist doch eine ausgesprochene Fernwirkung, obwohl die Trägheit, wie wir bisher erläutert haben, immer nur passiv fern wirkt. Aber warum kann sie nicht auch aktiv fern wirken, wenn sie es passiv vermag?

Auch wenn wir es zuerst so angenommen haben, dass die Gravitation gleich der Trägheit ist, hätte auch die Fernwirkung bei dieser beobachtet werden können und wir wären zudem in der Lage gewesen, problemlos stillschweigend zu akzeptieren, dass die Trägheit fähig ist, fern zu wirken.

Außerdem haben wir bisher immer daran geglaubt, dass der Masse die Gravitation innewohnt, die eine solche Eigenschaft bedingt. Auch wenn die Gravitation durch Wechselwirkung entstanden ist, bleibt die Fernwirkung unverändert. Und was durch Wechselwirkung entstand, ist eigentlich nur die Trägheitskraft. Dann hätten wir schon akzeptieren können, dass die Trägheit fähig ist, fern zu wirken. Also: Unter stillschweigendem Akzeptieren, dass die Trägheitskraft sich in der Lage befindet, fern zu wirken, ist dann die Gravitation gleich der Trägheit.

Gravitation besitzt nur der Körper, der ständig beschleunigt und gleichzeitig von Trägheit behindert wird. Wenn ein Körper permanent beschleunigt und gleichzeitig gebremst wird, kann dies nur zwei Körper bedingen, die wechselwirken. Und ein solcher Prozess ist nur in einem Souveränitäts-System möglich. Das heißt also, die Gravitation ist aus der Wechselwirkung eines Souveränitäts-Systems entstanden und sie wirkt nur zwischen zwei Körpern, die miteinander wechselwirken. Denn im Allgemeinen kommen die Kräfte zwischen zwei Körpern nur dann zur Geltung, wenn deren Bewegungen voneinander verhindert werden. Stoßen zum Beispiel zwei Körper gegeneinander, entstehen die Kräfte nur für diese und können nur gegeneinander ausgeübt werden. Also wirkt prinzipiell die Kraft eines Körpers nur gegen einen anderen, der seine Bewegung behindert. Dies ist vergleichbar mit dem Aufprall zweier Autos, der einem daneben stehenden Schaulustigen nicht schadet.

Eines ist jedoch ganz sicher, nämlich dass die Gravitation nicht die Eigenschaft der Masse ist. Kraft kann nur erzeugt werden. Es gibt keine natürlich vorhandene Kraft in der Natur.

III. 5d
Entstehung der Gravitationskonstanten

Wir haben soeben gesehen, dass durch Kollision zwei nicht gravitationsfähige Körper ein Souveränitäts-System werden, indem sie einander anziehen. Nun wollen wir uns noch einmal diesen Vorgang genau anschauen:

Wenn zwei Körper mit den Massen m_A und m_B gegeneinander stoßen, entstehen zwei Kräfte:

$$F_A = m_A\, a_A \text{ und } F_B = m_B\, a_B.$$

Normalerweise gilt: Wenn Kraft F_A an dem Körper B arbeitet, ist diese Arbeit gleich der Steigerung der kinetischen Energie des Körpers B:

$$m_A a_A S = \tfrac{1}{2} m_B v_B^2 .$$

Wegen des Trägheitswiderstands wird die Geschwindigkeit des Körpers B auf ein Maximum beschränkt. Und diese maximale Geschwindigkeit ist von dessen Masse unabhängig. Andererseits hängt auch die Arbeitsleistung nicht von der Dauer der Arbeit bzw. von der zurückgelegten Strecke S ab. Dann ist dieser Prozess einfach ein Vorgang von der Kraft zur Geschwindigkeit:

$$F_A \Rightarrow v_B .$$

Die beiden können nicht mit einem Gleichheitszeichen verbunden werden, weil unter anderem auch ihre Dimensionen nicht gleich sind. Wenn aber der Körper B mit dem Radius R um den Körper A läuft, hat seine maximale Geschwindigkeit mit der antreibenden Kraft ein Eins-zu-eins-

Verhältnis. Dann müsste es doch möglich sein, eine Gleichung dafür zu erstellen. Dazu muss zuerst eine Kennziffer k für F_A, unter anderem auch wegen des Unterschieds der Dimensionen, hinzufügt werden. Bei einem gewissen k ist es möglich, die folgende Gleichung zu formulieren:

$$kF_A = km_A a_A = v_B^2 / R \cdot \qquad\qquad (*)$$

Unter der stillschweigenden Akzeptanz der Trägheitsfernwirkung ist die Stärke der antreibenden Kraft auf den angetriebenen Körper verkehrt proportional zum Quadrat des Abstands. Weil F_A beim Stoßen an der Oberfläche des Körpers entstanden ist, kann ihre Stärke entlang dieser Entfernung betrachtet werden, die von seiner Körpergrenze bestimmt ist, also mit Abstand seines Radius. Daher kann die Stärke der Kraft F_A auf einen anderen Körper mit Abstand R wie folgt angenommen werden:

$$km_A a_A = km_A a_A r_A^2 / R^2$$

Setzt man diese in der Gleichung (*) ein, erhält man das Resultat

$$km_A a \frac{r_A^2}{R^2} = v_B^2 / R$$

Angenommen,

$$G_A = ka_A r_A^2 ,$$

(r_A: Radius des Körpers A,
R: Abstand zwischen A und B)

dann haben wir die Gleichung:

$$m_A G_A / R^2 = v_B^2 / R \cdot$$

Dies bedeutet, bestimmte G_A und R vorausgesetzt, es könnte die von F_A angetriebene Geschwindigkeit des Körpers B genau gleich v_B sein.

In gleicher Weise beschleunigt die Kraft F_B den Körper A auf die Geschwindigkeit v_A:

$$m_B G_B / R^2 = v_A^2 / R \cdot$$

G_A und G_B sind normalerweise nicht gleich. Sie fassen verschiedene Variable der jeweiligen Körper in sich zusammen, wie etwa Radius, Geschwindigkeit und Beschleunigung. Auch diese zwei Geschwindigkeiten v_A und v_B sind durch Zufall entstanden und haben eigentlich nichts miteinander zu tun. Jetzt laufen die zwei Körper umeinander. Damit dieses gegenseitige Umlaufen ewig andauern kann, müssen die zentrifugalen Kräfte der beiden Körper einander kompensieren:

$$f_{\otimes A} = m_A \frac{v_A^2}{R} = f_{\otimes B} = m_B \frac{v_B^2}{R} \cdot$$

Um dies zu ermöglichen, müssen G_A und G_B gleich sein:

$$G_A = \frac{R v_B^2}{m_A} = G_B = \frac{R v_A^2}{m_B} \cdot \qquad \text{(Gl. III-5d-1)}$$

Also nur wenn bei Kollision diese Bedingung erfüllt ist, können sie dauerhaft wechselwirken und sind ein Souveränitäts-System geworden.

Angenommen:

$$G = G_A = G_B.$$

Wenn die Bedingung Gl. III-5d-1 für G zum Sonnensystem passt, dann entspricht diese genau der uns bekannten Gravitationskonstante für das Sonnensystem. Diese Konstante ist natürlich nicht aus dem Sonnensystem entstanden, sondern aus einem möglichen Doppel-Sternsystem, wie zum Beispiel Sonne-Sonne 2, oder sie wohnt der Milchstraße inne.

Infolgedessen bedeutet dies, dass die Gravitationskonstante grundsätzlich durch Zufall entstanden ist und nicht von Gott vorgegeben wurde. Und sie gilt nur innerhalb eines Systems. Daher können wir auch nicht erwarten, dass sie universal gültig sein könnte. Dies schließt natürlich nicht aus, dass es unter besonderen Bedingungen oder bei zwei spezifischen Objekten immer eine ebensolche Gravitations-konstante geben könnte.

Im Allgemeinen ist die Gravitationskonstante für zwei wechselwirkende Körper in einem Souveränitäts-System gleich

- proportional zum Quadrat der Geschwindigkeit jedes Körpers,
- umgekehrt proportional zur Masse eines anderen Körpers,
- proportional zum Abstand zwischen den beiden Körpern.

III. 5e
Souveränitäts-System im Souveränitäts-System

Wir können uns schon vorstellen, dass das Universum aus unzähligen Souveränitäts-Systemen entstanden ist. In jedem System herrscht eine eigene Gravitationskonstante, die nur in ihm gültig ist. Die Anziehungskraft jedes Körpers im System wirkt auch nur auf die anderen Körper, die zu diesem System gehören. Wenn zwei Körper ein Souveräni-täts-System bilden, sind sie miteinander verbunden und können als ein einzelner Körper angesehen werden. Dieser gewordene einzelne Körper kann wiederum mit einem anderen Körper ein größeres Souveränitäts-System bilden, das als Oben-System gezeichnet wird, in dem eine eigene Oben-Konstante herrscht. Diese gilt für alle Körper in dem Oben-System, auch innerhalb des gewordenen einzelnen Körpers. Dann herrschen in diesem gewordenen Körper, der als Unten-System bezeichnet wird, zwei Konstanten. Weil die Kraft immer möglichst große Werte annimmt, darf im Unten-System die Unten-Konstante nicht kleiner als die Oben-Konstante sein. Ansonsten wird die Unten-Konstante unwirksam und wird das Unten-System aufgelöst. Damit also ein Unten-System in einem Oben-System existieren kann, muss seine Gravitationskonstante größer, zumindest nicht kleiner als diejenige des Ersteren sein.

Umgekehrt könnte jedes Souveränitäts-System aus vielen Unten-Systemen zusammen gebildet worden sein. Und jedes Unten-System ist wiederum aus vielen Unten-Unten-Systemen entstanden. Je weiter unten sich ein System befindet, desto größer muss die Gravitationskonstante sein.

Zum Beispiel könnte unsere Milchstraße Mitglied eines Souveränitäts-Systems sein, das aus zwei Galaxien besteht. Und ein Doppelsternsystem in der Milchstraße ist möglicherweise das Unten-System in diesem Galaxien-System. Ein aus zwei Sauerstoffatomen bestehendes Sauerstoffmolekül kann als ein Unten-System dieses Doppelsternsystems angesehen werden. Das Sauerstoffatom ist wiederum ein Unten-System unter dem Molekül-System und auch selbst aus einem noch weiter unten sich befindenden entstanden. Entsteht auf diese Weise die ganze materielle Welt?

So gesehen könnte, wenn das Sonnensystem tatsächlich Teil eines doppelten Sternsystems wäre, die Gravitationskonstante im Sonnensystem sogar nicht gleich der Milchstraße sein.

Von Gl. III-5d-1 sehen wir: Je kleiner die Körper sind und je schneller sie laufen, desto größer wird die Gravitationskonstante sein. Und je kleiner ein Körper ist, desto schneller läuft er normalerweise. Insbesondere wenn er sich extrem schnell bewegt, könnte die Konstante auch sehr groß sein. Dies werden wir noch untersuchen.

III. 5f
Der Energieerhaltungssatz ist falsch

Offensichtlich verstößt das Souveränitäts-System bzw. die Wechselwirkung gegen das sogenannte Energieerhaltungsgesetz, eine fundamentale Regel in der modernen

Physik, nach der die Energie weder erzeugt noch zerstört, sondern nur von einer Form in eine andere umgewandelt werden kann. Die Wahrheit ist aber genau das Gegenteil: Die Energie kann nur erzeugt werden durch Arbeit der Kraft, geht irgendwann wieder verloren, und zwar unwiderruflich.

Am Souveränitäts-System haben wir gesehen, dass Wechselwirkung ein ewiges gegenseitiges Antreiben zweier beteiligter Körper ist. Dabei wird mehr Energie generiert als diejenige, die für die Erhaltung dieses Prozesses benötigt wird. Dadurch wird ein Doppelsternsystem nicht nur ewig laufen können, sondern strahlt auch für immer Licht und Wärme aus.

Die Wechselwirkung ist in Wirklichkeit eine Hin-und-her-Umwandelung zwischen Kraft und Bewegung und kann auch als Energieumwandlung betrachtet werden. Genau dadurch haben wir feststellen können, dass diese Hin-und-her-Umwandlungen nicht eins zu eins passieren. Der Grund ist, dass die Kraft eines Körpers einen anderen Körper unendlich beschleunigen und unendliche Energie generieren kann, während die Geschwindigkeit des beschleunigten Körpers begrenzt ist. Aber aus dieser begrenzten Geschwindigkeit entsteht eine Kraft, mit der dieser jenen wiederum unendlich beschleunigen kann.

Auf der anderen Seite kann Energie von einer Form in eine andere umgewandelt werden. Dadurch geht üblicherweise immer ein Teil der Energie verloren.

Das gesamte Universum besteht eigentlich aus unzähligen solchen Souveränitäts-Systemen. Unter der Energieerhaltung kann ein solches System, das ohne zusätzliche Energie ewig läuft, nie sachlich erklärt werden.

Infolgedessen müssen wir leider den Energieerhaltungssatz widerlegen, der schließlich nur eine großartige Erfindung des irdischen Menschen ist. Also:

Energie erhält sich grundsätzlich nicht!

*　*　*

Und was ist eigentlich die Energie überhaupt?

Wenn ein Körper von einer Kraft beschleunigt wird, wird er sich normalerweise bewegen und Geschwindigkeit tritt ein. Dann ist üblicherweise eine kinetische Energie entstanden. Diese sogenannte kinetische Energie ist eigentlich nichts anderes als lediglich eine Beschreibung der Bewegung. Sie dient nur als eine Methode, um verschiedene Naturereignisse wie Kraft, Arbeit, Bewegung, Wärme etc. zu vergleichen und zu untersuchen. Eine konkrete oder greifbare Energie gibt es nicht.

Dass der Begriff „Energie" ein imaginäres Ding ist, das sachlich nicht existiert und nicht existieren kann, müssen wir eigentlich schon verstehen. Energie ist in der Tat keine objektive Realität, sondern nur eine physikalische Größe. Als Bemessungsmethode wurde die Energie in die Physik eingeführt, was natürlich richtig und nützlich ist. Zum Beispiel ist potenzielle Energie in der Tat eine Kraftspannung. Sie kann natürlich mit Energie beschrieben werden, damit sie mit der durch diese Kraftspannung aufkommenden Geschwindigkeit verglichen werden kann. Diese Energie ist also nur eine Beschreibung für die Fähigkeit der Kraft. Wenn die Kraftspannung sich auflöst, ist auch die potenzielle Energie verschwunden. Sie ist nur ein Begriff, eine Bemessungsgröße, die konkret nicht existiert.

Eine vorhandene Energie gibt es in der Natur nicht. Auch irgendeine bestimmte Art von Energie, die aus Verzweiflung verwendet wird, um eine trickreiche Theorie, die sich sonst nicht erklären lässt, zu befriedigen, existiert nirgendwo und auch nicht in irgendeiner Form. Virtuelle Objekte wie Energie, Länge, Zeit und Raum etc. als greifbare Größen anzusehen ist keine Physik im wissenschaftlichen Sinne.

Der Energieerhaltungssatz ist eigentlich nur eine Wunschform und ein idealer Zustand für Physiker. Er

217

stimmt grundsätzlich nicht. Als idealer Zustand ist er in dem Bewusstsein, dass es die Trägheit gibt, die das Ergebnis verändern kann, trotzdem nützlich. Aber als Grundlage für physikalische Theorien ist er einfach falsch.

III. 5g
Kurze Zusammenfassung

- Gravitation entsteht durch Wechselwirkung, ist nicht Eigenschaft der Masse. Sie gilt nur innerhalb eines Souveränitäts-Systems.

- Durch zwei wechselwirkende Körper bildet sich ein Souveränitäts-System. Oder in einem Souveränitäts-System wechselwirken zwei Körper aneinander.

- Die Wechselwirkung ist gegenseitige Umwandlung zwischen Kraft und Bewegung. Dabei wird ein Teil der Kraft übrigbleiben, der in Wärme verwandelt werden könnte. Daher stimmt der Energieerhaltungssatz nicht.

- Ein Souveränitäts-System von außen gesehen ist ein einzelner neutraler Körper.

- Die Gravitationskonstante entsteht aus dem Zufallsprinzip und gilt nur innerhalb eines Souveränitäts-Systems.

Also sind in einem Souveränitäts-System Gravitation, Wechselwirkung, Verschränkung, Trägheit, (Energie) und Bewegung alle miteinander korreliert.

Infolgedessen kann noch eine wichtige Schlussfolgerung gezogen werden:

Die Masse, die der Bestandteil aller Körper und Materien ist, bildet im Grunde ein neutrales Ding, das weder Kraft noch Energie besitzt noch sich grundlos bewegen kann. Die einzige Eigenschaft, welche die Masse überhaupt besitzt und besitzen kann, ist Faulheit. In der Physik heißt es:

die Trägheit.

Das ist das Prinzip der realen Physik.

Daher ist das Wesen des Newtonschen Gravitationsgesetzes, wonach jeder Massepunkt auf jeden anderen Massepunkt mit einer anziehenden Gravitationskraft einwirkt, falsch.

Mit diesem Gesetz hatte Isaac Newton uns, die Menschheit, in die Irre geführt, zuletzt in eine wahnsinnige Irre, das Schwarzes Loch. Die Leute, die von einem Schwarzen Loch eingesaugt werden, kommen nie mehr zurück. Sie können wahrscheinlich nie mehr in die reale Welt zurückkehren, um die einfachste physikalische Realität zu akzeptieren, dass

Masse ein neutrales Ding ist.

Die Kraft eines Massepunktes entsteht ausschließlich, wenn seine Bewegung behindert wird, und zwar grundsätzlich nur auf denjenigen Massepunkt einwirkt, der einem und demselben System zugehörig ist.

*　*　*

Es ist erstaunlich, dass ausgerechnet eine harmlose Kraft, die Trägheitskraft, die von vielen immer nur als eine Scheinkraft betrachtet wird, die ganze Physikwelt allein regiert.

Manchmal haben wir das Gefühl, dass die Natur, die weder von Gott erschaffen wurde noch ein intelligentes Wesen ist, vielleicht nicht viel mehr als nur ein paar dumme Tricks besitzen könnte, deren Formeln auch nicht viel komplizierter sein würden als die des Satzes null dieses Buchs (s. Seite 17):

$$a = v^2 / r \,.$$

III. 6

Einen Blick in die mikroskopische Welt werfen

Die mikroskopische Welt, die uns von Wissenschaftlern präsentiert wird, ist eine sehr mysteriöse, in welcher der klassische Mechanismus mehr oder weniger nicht verwendet werden kann und die irdische Logik nicht ganz gültig zu sein scheint. Was dort passiert, ist manchmal absolut nicht nachvollziehbar. Was dort gültig ist, ist alles, was aus den mathematischen Gleichungen kommt, die manchmal niemand versteht. Solch eine Welt zu erklären sind wir nicht in der Lage, trotzdem möchten wir uns zum Schluss doch einmal wagen, einen Blick in die mikroskopische Welt zu werfen.

Was wir aber gemacht haben und weiter machen werden, ist immer, mit strenger Logik und absoluter Sachlichkeit vorzugehen. Ihnen gehört auch das Prinzip der realen Physik: Die Masse ist ein neutrales Ding, wozu auch die Teilchen mit elektrischer Ladung durch Elektronen gezählt werden müssen. Auch elektrische Ladungen, die Energie und Kraft enthalten, könnten nicht die Eigenschaft irgendeiner Materie sein, wie etwa die Gravitation. Wir können diese zwar nicht erklären. Damit sind wir überfordert. Aber wir haben uns fest davon überzeugt, dass die elektrische Ladung des Teilchens sachlich erklärt werden kann. Im Folgenden betrachten wir alle Teilchen als neutrale Masse und auch alle möglichen spukhaften Eigenschaften in dieser Welt werden nicht berücksichtigt.

Nun ist die Frage, ob das Trägheitsprinzip auch in der mikroskopischen Welt gültig ist, des Weiteren für Souveränitäts-System, Wechselwirkung und Verschränkung. Wie wir wissen, rotieren und kreisen auch alle Elementarteilchen. Sind sie der Grund und das Prinzip dieser Bewegungen, wie etwa derjenigen am Himmel? Was soll oder muss eigentlich sein? Sicher ist: Wenn dies alles in der makroskopischen Welt auch unter gleichen Regeln passieren würde, hätten wir fast alle wichtigsten Probleme auch in dieser mysteriösen Welt auf einen Schlag lösen können.

Im Folgenden versuchen wir unter dem Prinzip der realen Physik einige Phänomene in der mikroskopischen Welt zu erklären.

III. 6a
Die Coulombkraft

Betrachten wir ein Wasserstoffatom, dessen Kern aus einem Proton und einem Neutron besteht, um diese ein Elektron kreist. Die Coulombkraft zwischen dem Kern und dem Elektron ist wie alles bekannt:

$$F_C = \frac{q_p q_e K}{r^2}.$$

Man kann sich vorstellen, der Wasserstoffkern und das Elektron wären ein Souveränitäts-System, das wir Wasserstoff-Atom-System nennen. Die Bedingung (s. Gl. III-4a-1) dafür ist in diesem Fall erfüllt. Angenommen, dass die Gravitationskraft in diesem System F_A beträgt, die genauso groß wie die Coulombkraft F_C ist, dann erhalten wir die Gleichung

$$F_A = \frac{2m_p m_e G_A}{r^2} = \frac{q_p q_e K}{r^2} = F_C. \qquad \text{(Gl. III-6-1)}$$

Dann müsste die Gravitationskonstante dieses Atom-Systems wie folgt definiert sein:

$$G_A = \frac{q_p q_e K}{2m_p m_e} = 7{,}57 \times 10^{28}.$$

($K = 8{,}988 \times 10^{9}$,

m_p: Proton- und Neutronmasse,

m_e: Elektronmasse,

q_p, q_e: Ladung des Protons und des Elektrons)

Weil die beiden verkehrt proportional zum Quadrat der Abstände sind, ist die Stärke der Anziehungskraft unter dieser Gravitationskonstante immer gleich der Coulombkraft.

Also haben wir unter der Betrachtung, dass das Wasserstoffatom ein Souveränitäts-System aus einem Atomkern und einem Elektron bildet und die Coulombkraft gleich der Gravitationskraft ist, die aus Wechselwirkung von Kern und Elektron herrührt, wie gesagt, fast alle Rätsel über diese Naturkraft auf einen Schlag gelöst:

- wie diese Naturkraft entstanden ist,
- warum ein Elektron ewig um den Kern läuft,
- warum Elektron und Kern ständig rotieren,
- woher die benötigte Energie für diese Bewegungen kommt,
- warum der Kern und das Elektron miteinander verschränkt sind,
- wie die Wechselwirkung funktioniert.

III. 6b
Frequenz des Lichtes

Betrachten wir das Licht als reine Welle, die aus irgendeiner Schwingung kommt, wie die Schwingung einer Geigensaite, wenn diese gestrichen wird. Könnte eine Geigensaite auch leuchten, wenn sie so schnell wie Licht schwingt?

Wir wissen, das Wasserstoffatom sendet unter Umständen Licht aus. Das bedeutet, dass irgendwas in dem Wasserstoffatom mit einer Frequenz wie der des Lichtes schwingt. Um die Lichtquelle zu suchen, müssen wir ins

Innere des Wasserstoffatoms hineinschauen und nachschauen, was es dort gibt, das so schnell schwingt. Dort existiert aber nur ein einziges Elektron, das einsam um den Kern kreist. Könnte dieses Elektron der Täter sein?

Eine Schwingung ist nur eine Hin-und-her-Bewegung. Eine Kreisbewegung kann ebenfalls als eine Hin-und-her-Bewegung um einen beliebigen Durchmesser betrachtet werden. Dann ist eine Kreisbewegung eine Art der Schwingung. Wenn das Elektron im Wasserstoffatom, das als ein Souveränitäts-System betrachtet, mit einem sogenannten Bohrscherradius um den Kern kreist, kann seine Geschwindigkeit mit der Orbitalgeschwindigkeits-Formel $v = \sqrt{MG/r}$ berechnet werden:

$$v_1 = \sqrt{\frac{2m_p G_A}{a_0}} = \sqrt{2\times1{,}67\times10^{-27}\times7{,}57\times10^{28}/5{,}29\times10^{-11}} = 2{,}186\times10^6\, m/s\,.$$

($a_0 = 5{,}29\times10^{-11} m$: Bohrscherradius)

Dies bedeutet eine Kreisbewegung von

$$\frac{2{,}186\times10^6}{2\pi\times5{,}29\times10^{-11}} = 6{,}5768\times10^{15}\ \text{Runden pro Sekunde.}$$

Betrachtet man diese als eine Schwingung, ist ihre Frequenz gleich:

$$f_1 = 6{,}5768\times10^{15}\, H/s\,.$$

Und wenn diese Schwingung mit Lichtgeschwindigkeit abgestrahlt wird, entspricht dies einer Wellenlänge von

$$\lambda_1 = 3\times10^8/6{,}56\times10^{15} = 45{,}6\, nm\,.$$

Diese liegt im Spektrumsbereich von Ultraviolett, das vom menschlichen Auge nicht wahrgenommen werden kann.

Wenn aber der Radius der Elektronbahn um das 2^2-Fache vergrößert wird, hat sich die Geschwindigkeit des Elektrons halbiert auf

$$v_4 = \sqrt{\frac{2m_p G_A}{2^2 a_0}} = 1{,}093 \times 10^6 \, m/s \, .$$

Deren Frequenz wird zudem verringert auf

$$1{,}09 \times 10^6 \, / \, 8\pi a_0 = 8{,}22 \times 10^{14} \, Hz \, .$$

Diese entspricht, wenn sie mit Lichtgeschwindigkeit ausgesendet wird, einer Wellenlänge von

$$\lambda_4 = 3 \times 10^8 \, / \, 8{,}22 \times 10^{14} = 365 nm \, .$$

Der experimentellen Physik zufolge wird, wenn die Energie des Elektrons im Wasserstoffatom von höherem Niveau ins n-2-Niveau übergeht, d. h. ein Übergang vom größeren Orbitradius in den $2^2 a_0$ -Radius stattfindet, ein sichtbarer Lichtstrahl abgesendet, dessen Wellenlänge 366 nm beträgt. Diese entspricht fast exakt genau der Kreis-Frequenz des Elektrons mit dem gleichen Radius. Ist das ein reiner Zufall? Oder bedeutet es, dass die Kreisbewegung des Elektrons um den Wasserstoffkern die Quelle dieses Lichts bildet?

Auch wenn der Elektron-Radius um das 3^2-Fache vergrößert wird, entspricht die Kreisschwingung einer Wellenlänge von

$$\lambda_9 = 3 \times 10^8 \, / \, 4{,}8717 \times 10^{14} = 615{,}8 nm \, .$$

Diese liegt im Spektrumsbereich Infrarot. Auch λ_1 und λ_9 stimmen mit Beobachtungen aus physikalischen Experimenten überein.

Außerdem hat diese Kreisfrequenz keine reine mechanische Bewegung wie die Schwingung einer Geigensaite als Ursache. Hinsichtlich der Gravitation ist sie auf zwei Arten von Gravitationsfeldern des Elektrons, einem kreisenden und einem rotierenden, die sich jeweils in orthogonalen Ebenen bewegen, zurückzuführen (s. Abb. III-6b-01). Das heißt, die Kreisschwingung des Elektrons ist eine Schwingung zweier orthogonaler Gravitationsfelder. Und der Ansicht der Elektronendynamik nach strahlt ein bewegtes Elektron das elektrische und magnetische Feld, deren Positionen gleichfalls auf zwei orthogonalen Ebenen stehen. Dann ist diese Schwingung eine elektromagnetische Welle. Das ist genau die Welle des Lichts. Das heißt, die Lichtwelle ist in Wirklichkeit die Kreis-Schwingung des Elektrons.

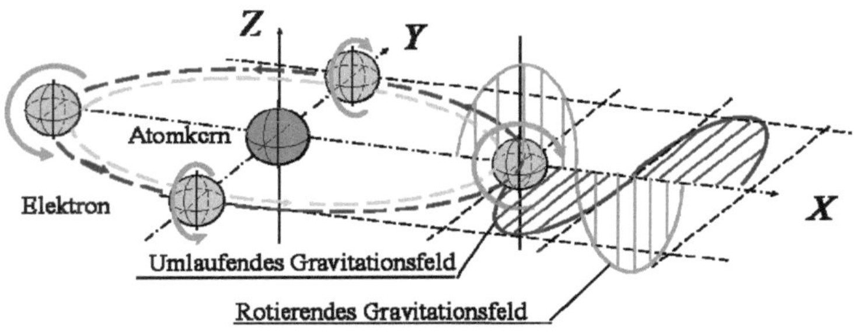

Abb. III-6b-01

Das Kreisen des Elektrons um den Kern als Schwingung der elektrischen und magnetischen Felder, die in zwei orthogonalen Ebenen rotieren.

Aus dem Kapitel „Vereinfachte Mondbahn" wissen wir: Wenn die Bahnform vom Rundkreis abgewichen ist, erzeugt sein Umlaufen eine Schwingung um den Grundkreis, deren Amplitude gleich dem exzentrischen Abstand ist. Analog zur Elektronbahn wird die Lichtintensität gleich null sein, wenn das Elektron auf einer Rundbahn läuft. Und leuchtet es nur, wenn die Kreisbahn „länger" gezogen wird?

Gemäß der Kenntnis der Trägheit wird das Elektron auch durch den Grarotationseffekt bewegt. Mit der Grarotationsformel (Gl. II-2b-4a) kann die Rotationsgeschwindigkeit des Elektrons, wenn es mit dem Bohrscherradius a_0 um den Kern kreist, berechnet werden:

$$v_{Rota} = \sqrt{\tfrac{16}{3\pi} g_k r_e} = 6{,}54 \times 10^4 \, m/s \,.$$

$$\left(g_k = \frac{2 m_p G_A}{a_0^2} = 9 \times 10^{22} : \text{Beschleunigung des Kerns zum} \right.$$

Elektron, r_e=2,82×10⁻¹⁵: Radius des Elektrons)

Dies entspricht der Rotationsfrequenz von

$$f_{e1} = \frac{v_{Rota}}{2\pi r_e} = 1{,}17 \times 10^{18}\, H/s \,.$$

Diese Frequenz liegt im Spektrumsbereich der Röntgenstrahlung. Und wir wissen auch, dass die Röntgenstrahlung aus der Bewegung des Elektrons entstanden ist. Dies müsste auch keinen Zufall sein, oder?

Eine Frage bleibt noch: Warum verbreitet sich das Licht mit einer Geschwindigkeit von ca. $3 \times 10^8 m/s$? Und woher kommt eine solche Geschwindigkeit überhaupt? Auch Licht kann doch nicht vom Geist angetrieben werden.

III. 6c
Lichtelektrischer Effekt und das Wesen der Wärme

Wir haben soeben gesehen, dass, wenn ein Elektron mit dem Bohrscherradius $a_0 = 5{,}29 \times 10^{-11}$ um den Wasserstoffkern kreist, seine Umlauffrequenz $6{,}5768 \times 10^{15}$ H/s beträgt. Das ist die Frequenz des Ultraviolettlichtes. Und aus der Resonanztheorie wissen wir: Wenn diese mit der Schwingung einer gleichen Frequenz zugefügt wird, könnte dies eine Resonanz verursachen und dabei die Amplitude der Schwingung bis in die Unendlichkeit wachsen.

Wenn etwas mit einer Lichtstrahlung derselben Frequenz wie Wasserstoff strahlt, wird die Kreisfrequenz des Elektrons in einen Resonanzzustand versetzt. Bei einer gewissen Stärke der Anregungsfrequenz könnte das Elektron herauskatapultiert werden. Ist das der wahre Grund des lichtelektrischen Effekts?

Gemäß dem gleichen Prinzip, nach dem ein Gestein von der Sonne bestrahlt wird, stimuliert die Infrarotwelle des Sonnenlichts auch die Amplitude der Kreisschwingung der

Elektronen, die mit der Frequenz der Infrarotwelle innerhalb des Gesteins umlaufen, und erhöht dadurch dessen Wärme. Sendet umgekehrt ein heißes Gestein die Wärme durch die Infrarotwelle, die vom Umlaufen der Elektronen entstanden ist, ab? Ist das Wesen der Wärme also das Umlaufen der Elektronen mit Wärmefrequenz?

III. 6d
Die Kernkraft

Können wir uns nun vorstellen, dass auch Proton und Neutron ein Souveränitäts-System sind? Dann wäre auch das Problem der Kernkraft gelöst. Angenommen, die Kernkraft zwischen Proton und Neutron beträgt im Wasserstoffatom $7.5 \times 10^4\,N$ und der Abstand $2 \times 10^{-15}\,m$ (diese Annahme liegt grundsätzlich im Rahmen der Ergebnisse aus der experimentellen Physik), so müssten die Umlaufgeschwindigkeiten der beiden gleich den folgenden sein:

$$v = \sqrt{F_p r / m_p} = \sqrt{7{,}5 \times 10^4 \times 2 \times 10^{-15} / 1{,}67 \times 10^{-27}} = 2{,}997 \times 10^8\,m/s\,.$$

Das wäre fast exakt die gleiche wie die Lichtgeschwindigkeit!

Dann heißt dies, es ist doch möglich, dass ein Massekörper sich mit Lichtgeschwindigkeit bewegt.

Interessant ist dabei, dass mit dieser Geschwindigkeit die Summe der kinetischen Energie von Proton und Neutron der Energie aus der Einsteinschen Äquivalenz von Masse und Energie entspricht:

$$E = mc^2\,.$$

Dies heißt theoretisch, dass für den Fall, wenn Proton und Neutron gespaltet werden, schon so viel Energie freigegeben werden könnte, wie die der Äquivalenz zufolge aus der Masse von Proton und Neutron stammt, aber ohne dass die Masse geopfert werden muss. Laut Einsteins Theorie würden die zwei Teilchen ganz verschwinden. Dadurch haben wir das Leben der Teilchen, die Einstein als die Opfergabe gegen Energie von Gott erbittet, gerettet.

Wenn man durch Spaltung von Proton und Neutron so viel Energie gewinnen könnte, stellt sich dann die Frage: Könnte die sogenannte Fusionsreaktion in Wirklichkeit die Kernspaltung des Wasserstoffkerns sein?

Also laufen Proton und Neutron im Wasserstoffatom möglicherweise mit der Lichtgeschwindigkeit umeinander und somit wäre die Kreisfrequenz gleich

$$f = \frac{2{,}997 \times 10^8}{2\pi \times 2 \times 10^{-15}} = 2{,}385 \times 10^{22} \text{ Runden/Sekunde.}$$

Das ist eine Wellenlänge von ca.

$$\lambda = c / f = 1{,}26 \times 10^{-14} \, m = 0{,}0126 \, pm \, .$$

Diese Wellenlänge ist kosmische Strahlung. Die ist noch kürzer als Gammastrahlung. Wir können uns aber vorstellen, dass der Kern eines größeren Atoms auch ein Souveränitäts-System aus zwei kleineren Atomkernen sein könnte. Und diese könnten auch etwas langsamer umeinander laufen und würden eine entsprechend kleinere Gravitationskonstante erzeugen, damit auch die etwas größere Wellenlänge entstehen könnte, die dann im Bereich der Gammastrahlung liegen würde. Betrachten wir also verschiedene Atome und Atomkerne als unterschiedliche Souveränitäts-Systeme, so wird dadurch erklärt, warum es so viele verschiedene Wellen von Infrarot bis zur kosmischen Strahlung im Universum gibt und woher diese kommen.

Weil die Protonen und Neutronen mit Lichtgeschwindigkeit umeinander kreisen, könnte die Welle der Höhenstrahlung, die durch Proton und Neutron entstanden ist, mit dieser Lichtgeschwindigkeit abgesendet werden. Die Intensität der Höhenstrahlung könnte gleich null sein, wenn sie nicht angeregt wird. Könnte man sich auch vorstellen, dass die Lichtfrequenz, die durch das um den Kern kreisende

Elektron entstanden ist, auch dabei mitbestrahlt wird, wie dies bei der im Rundfunk verwendeten Technik, mit der das Nutzsignal durch Funkwellen versendet wird, geschieht? Entsteht daraus dann eine elektromagnetische Welle mit Lichtfrequenz und Lichtgeschwindigkeit?

Ist die Geschwindigkeit des Lichtes deshalb die Lichtgeschwindigkeit?

*   *   *

Wenn Proton und Neutron wie vermutet ein Souveränitäts-System bilden würden, betrüge die Gravitationskonstante für dieses Proton-Neutron-System (Kernsystem) des Wasserstoffkerns ca. (s. Gl III-5d-1)

$$G_K = v^2 r / m_p = 10{,}76 \times 10^{28}.$$

Diese ist nur etwas größer als die des Atomsystems G_A von 7,74 × 10²⁸. Wie gesagt: Innerhalb eines Souveränitäts-Systems können nur untere Souveränitäts-Systeme gebildet werden, wenn diese mindestens gleich große Gravitationskonstanten wie die des oberen besitzen. Dies heißt, dass das Kernsystem unter dem Atomsystem nur knapp gebildet werden kann. Daher könnte es unter Umständen leicht aufgelöst werden.

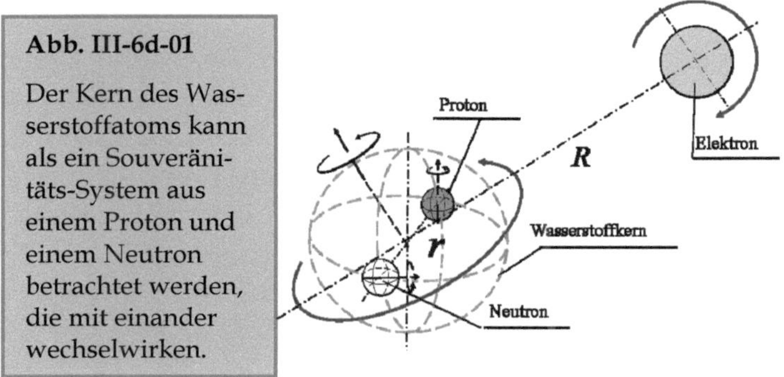

Zum Beispiel laufen in einem Atomsystem, dessen Gravitationskonstante G_A beträgt, Kern und Elektron auf zwei orthogonalen Ebenen umeinander (s. Abb. III-6d-01). Und der Kern kann als ein einzelner Körper angesehen werden, der mit dem Elektron in Wechselwirkung steht und selbst auch ein eigenes Souveränitäts-System bildet, in dem Proton und Neutron miteinander wechselwirken und eine eigene Gravitationskonstante G_K herrscht, die größer als G_A ist. Daher liegen Proton und Neutron praktisch unter zwei Gravitationskonstanten gleichzeitig. Da die Kraft immer einen möglichst größeren Wert einnimmt, ist die kleine Konstante im Kernsystem normalerweise wirkungslos.

Angenommen, die Umlaufgeschwindigkeit des Protons um das Neutron beträgt v_0 und der Abstand zwischen ihnen ist r_0. Stellen Sie sich vor, was passieren könnte, wenn der Abstand durch eine Außenkraft um Δr länger gezogen wird (s. Abb. III-6d-02).

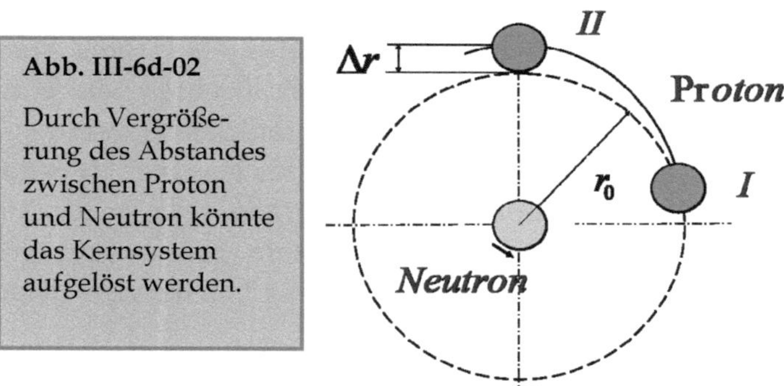

Abb. III-6d-02

Durch Vergrößerung des Abstandes zwischen Proton und Neutron könnte das Kernsystem aufgelöst werden.

Von der Mondbahn wissen wir, dass der Mond, wenn er von einer Außenkraft von Punkt *I* nach *II* um eine Strecke Δr gezogen wird, seine Geschwindigkeit um die 2-fache Orbitalgeschwindigkeits-Differenz zwischen *I* und *II* verlangsamt. Analog zu Proton und Neutron lässt sich feststellen: Wenn das Proton um Δr nach außen gezogen wird, ist seine tatsächliche Geschwindigkeit am Punkt *II* reduziert auf

$$v_{II} = 2\sqrt{\frac{m_P G_K}{r_0 + \Delta r}} - \sqrt{\frac{m_P G_K}{r_0}}\ .$$

Daraus entsteht eine zentrifugale Beschleunigung, die etwa kleiner ist als vorher. Diese verkleinerte zentrifugale

Beschleunigung des Protons ist gleich der Anziehungsbeschleunigung des Neutrons zum Proton, weil diese auch wegen der nach außen ziehenden Kraft im gleichen Maß verringert ist:

$$g_{KII} = a_{II} = \frac{v_{II}^2}{r_0 + \Delta r}.$$

Wenn Δr groß genug ist, könnte es passieren, dass die von der Gravitationskonstanten G_A erzeugte Beschleunigung g_{KII} übersteigt. Dann wird die Gravitationskonstante G_K im Kernsystem durch G_A ersetzt und die Gravitation zwischen Proton und Neutron von G_A bestimmt, wobei dies die Gravitationskonstante der Coulombkraft ist. Also ist die Stärke der Kernkraft jetzt gleich der Coulombkraft geworden.

Auf Platz II wird Gravitation im Wasserstoffkern aus G_A berechnet:

$$g_{AII} = \frac{m_p G_A}{(r_0 + \Delta r)^2}.$$

Und wenn g_{AII} größer als g_{II} ist, wird die Konstante G_K ermittelt:

$$g_{AII} = \frac{m_P G_A}{(r_0 + \Delta r)^2} > g_{KII} = (2\sqrt{\frac{m_P G_K}{r_0 + \Delta r}} - \sqrt{\frac{m_P G_K}{r_0}})^2 /(r_0 + \Delta r).$$

Nach Vereinfachung dieser Gleichung erhält man

$$r_0 + \Delta r > r_0 (2 - \sqrt{G_A / G_K})^2.$$

Daraus ergibt sich

$$\Delta r > 0.65 \times 10^{-15}\, m \cdot$$

$(r_0 = 2 \times 10^{-15} m$
$G_A = 7{,}75 \times 10^{28},$
$G_K = 10{,}76 \times 10^{28})$

Wenn also der Abstand zwischen Proton und Neutron um $0{,}65 \times 10^{-15}$ auf mehr als 2.65×10^{-15} m vergrößert wird, könnte die Kernkraft auf die durch G_A bestimmte Coulombkraft reduziert werden.

Wenn das Proton nach innen gedrückt wird, wird umgekehrt seine Umlaufgeschwindigkeit wegen des Doppelt-Orbitalgeschwindigkeits-Differenz-Effekts immer größer als die Orbitalgeschwindigkeit sein. Auch die daraus entstandene Zentrifugale wird größer als die Gravitation sein. Dann entsteht eine abstoßende Kraft zwischen Proton und Neutron, als ob der Mond sich an seinem Perigäum befindet. Und je mehr der Abstand zwischen ihnen verringert wird, desto stärker wird auch diese abstoßende Kraft sein.

Dieses Verhalten entspricht genau der Eigenschaft der sogenannten starken Kernkraft!

III. 6e
Bedingungen für Überlichtgeschwindigkeit

Wir haben gesehen, dass Proton und Neutron möglicherweise mit Lichtgeschwindigkeit umeinanderlaufen. Daraus erkennen wir zumindest die Möglichkeit, dass ein Massekörper sich mit Lichtgeschwindigkeit bewegen kann. Es mag sein, dass die Lichtgeschwindigkeit die höchste in der Natur ist. Das bedeutet doch nicht, dass sie die höchste Geschwindigkeit überhaupt sein könne. Aber warum kann ein Körper in der Natur nicht über Lichtgeschwindigkeit beschleunigt werden?

Wenn man zum Beispiel ein Proton von einem Teilchenbeschleuniger mit einem Radius von 1.000 Meter auf die doppelte Lichtgeschwindigkeit beschleunigen möchte, benötigt dies:

Erstens: eine Kraft von

$$g_P = (2c)^2 / r = (6 \times 10^8)^2 / 1000 = 36 \times 10^{13}.$$

Der Gleichung Gl. III-6-2 zufolge ist diese gleich dem elektrischen Feld, das wiederum der elektrischen Ladung von

$$q_p = g_P \frac{r^2}{K} = 4 \times^{11} eV = 0{,}4 TeV \quad \text{entspricht.}$$

Damit dürfte es kein großes Problem sein. Bei doppelter Lichtgeschwindigkeit wird ein Trägheitswiderstand von:

$$f_\otimes = m_P \frac{(2c)^2}{r} = m_P 3{,}6 \times 10^{14} \quad \text{entstehen.}$$

Dieser ist das $3{,}6 \times 10^{14}$-Fache des Gewichts des Protons auf der Erde. Dessen Masse bleibt natürlich unverändert. Die Behauptung, dass die Masse eines Körpers unendlich steigen würde, wenn er sich mit Lichtgeschwindigkeit bewegt, sollte man nur als einen Witz genießen.

Zweitens muss die Geschwindigkeit der beschleunigenden Kraft auch mindestens das Doppelte der Lichtgeschwindigkeit betragen.

Hier liegt also das Problem. Wenn wir uns nicht irren, finden Teilchenbeschleunigungen derzeit in den gleichnamigen Geräten ausschließlich durch das Elektrikfeld statt. Wir sollten aber wissen, dass auch das Elektrikfeld eine Verbreitungsgeschwindigkeit hat, die nicht unendlich oder instant ist. Infolge der Kenntnis des Elektromagnetismus ist uns vertraut, dass die Verbreitungsgeschwindigkeit der elektromagnetischen Welle gleich der Lichtgeschwindigkeit ist und die Verbreitungsgeschwindigkeit des Elektrikfeldes somit sicherlich die Lichtgeschwindigkeit nicht überschreiten kann. Das heißt, mit der Methode des Elektrikfeldes kann ein Teilchen nicht über Lichtgeschwindigkeit beschleunigt werden. Auch mit noch größerer Kraft oder durch mehrstufige Beschleunigungen würde es nichts helfen können. Der Grund wurde schon erklärt: weil die Geschwindigkeit eines beschleunigten Körpers nie größer als die der beschleunigenden Kraft sein kann.

Wenn die zweite Bedingung erfüllt werden könnte und mit einer Beschleunigungskraft aus der ersten Bedingung würde die Geschwindigkeit eines beschleunigten Teilchens nach einer Runde von null auf folgenden Wert steigen:

$$v = \sqrt{ar + (v_0^2 - ar)e^{-2(\theta-\theta_0)}} = \sqrt{(2c)^2 (1 - e^{-4\pi})} = 2 \times 0{,}9999983c\,.$$

$$(v_0 = 0,\ \theta_0 = 0,\ \theta = 2\pi,\quad c\text{: Lichtgeschwindigkeit})$$

Also auf 99,99983 % der doppelten Lichtgeschwindigkeit.

Wir wissen, dass sich der Trägheitswiderstand eines Körpers umgekehrt proportional zum Radius verhält und gleich dem Abstand zum Gravizentrum ist, auch wenn der Körper sich auf dieses zu oder entgegen diesem bewegt. Wenn eine Sonde so weit von der Sonne entfernt ist, dass der Abstand zu dieser fast als unendlich betrachtet werden kann, was bedeutet, dass die Sonde sich beinahe wie auf der Newtonschen Geraden bewegt, ist der Trägheitswiderstand auch bei Lichtgeschwindigkeit fast gleich null. Dazu braucht es theoretisch nur eine winzige Kraft, um die Sonde bis auf Überlichtgeschwindigkeit zu beschleunigen. Die Frage ist wieder dieselbe: Mit welcher Kraft geschieht dies? Die benötigte antreibende Kraft ist zwar winzig, aber sie muss sich selbst auch mit Überlichtgeschwindigkeit bewegen, um einen anderen Körper auf Überlichtgeschwindigkeit beschleunigen zu können. Mit einem gewöhnlichen Rückstoßantrieb würde es auf keinen Fall gehen, weil die Geschwindigkeit des Rückstoßens aus der Raketendüse weiter von der Lichtgeschwindigkeit entfernt sein müsste. Daher ist die Unerreichbarkeit der Überlichtgeschwindigkeit an und für sich nur wegen des technischen Problems von Bedeutung.

Wenn man einen Körper Übermaximalgeschwindigkeit beschleunigen möchte, benötigt eine Kraft, deren Verbreitungsgeschwindigkeit auch mindestens Übermaximalgeschwindigkeit beträgt. Wenn Verbreitungsgeschwindigkeit einer Kraft Übermaximalgeschwindigkeit betrage, wäre die Übermaximalgeschwindigkeit nicht mehr Übermaximalgeschwindigkeit, sondern nur Maximalgeschwindigkeit. Also wenn man eine Übermaximalgeschwindigkeit erzeugen möchte, muss man eine Übermaximalgeschwindigkeit für den beschleunigten Körper und gleichzeitig eine antreibende Kraft, die mit einer Übermaximalgeschwindigkeit verbreitet, schaffen. Um dieses Paradox umzugehen, gibt es eine möglichkeit, nämlich mit Wechselwirkung, also durch ein Souveränitäts-System.

III. 6f
Das Elektronenpaar

Dass die Elektronen öfters paarweise zusammen erscheinen, ist ein reales Phänomen. Der Grund liegt vermutlich darin, dass aus zwei gleichartigen Körpern leicht ein Souveränitäts-System gebildet werden kann.

Im Kapitel „Grarotation" haben wir gesehen, dass der *III.* Teil der Rotationsenergie in Wärme umgewandelt wird, wenn ein beschleunigter Körper wie die Sonne seine Rotationsgeschwindigkeit auf deren Maximum erreicht hat (s. Gl. II-2b-5). Das liegt daran, dass das Material in der Sonne gebrochen wurde und Reibung verursachte. Was wäre aber, wenn das Material in einem Körper so stark ist, dass es nicht gebrochen werden kann?

Betrachten wir das Elektron als einen solchen Körper, dessen Material nicht gebrochen wird. Wenn es beschleunigt wird, steigt aus energetischer Sicht die *III.* Energie in dem Körper immer weiter, und zwar mit dem Quadrat der Zeit. Diese Energie muss irgendwie verbraucht werden. Und dias Begehren nach Auslassung der steigenden Energie wird immer größer. Für zwei solche aneinander nahe stehende Elektronen besteht sogar Affinität zueinander. Wenn sie miteinander verbunden werden und ein Souveränitäts-System gebildet wird, dann ziehen sie sich gegenseitig an und treiben wieder einander an. Dabei werden diese gefährlich steigenden Energien und Kräfte zumindest teilweise gegeneinander freigesetzt. Dann sind sie irgendwie befriedigt und ausgeglichen.

Zum Beispiel ist ein Souveränitäts-System aus zwei elementaren Teilchen von außen gesehen ein einzelner Körper. Diese zwei Teilchen sind im Inneren wechselwirkend und laufen umeinander weiter. Und die *III.* Energie wird weiter erzeugt. Daraus entsteht innerhalb dieses einzelnen Körpers durch die immer aktiv bleibende *III.* Kraft ein antreibendes Potenzial (die *III.* Energie ist in Wirklichkeit eine Kraft), das irgendwie und irgendwas antreiben will. Das ist ein Antrieb in der Materie, eine potenzielle Dynamik für Entwicklung und Wachsen. Ein Trieb, der ständig wächst und dazu drängt, etwas anzutreiben oder auch auszulassen. Anscheinend können die leblosen Materien irgendwie lebendig sein. Mit etwas Fantasie könnte man sogar das Gefühl haben, dass das Leben hier anfängt! Könnte das die Ur-Quelle des Lebens sein?

*　　*　　*

In der Chemie spielt zum Beispiel das Elektronenpaar eine wichtige Rolle als Verbindungsmechanismus zwischen Molekülen und Atomen – als ein Souveränitäts-System nach dem Prinzip, dass die Intensität der Coulombkraft zwischen zwei Elektronen (ungeachtet dessen, dass zwei Elektronen sich gegenseitig abstoßen) gleich der Schwerkraft ist, woraus sich die folgenden Gleichungen ergeben:

$$F_{e-e} = \frac{m_e m_e G_{ee}}{r^2} = F_c = \frac{eeK}{r^2}.$$

($K = 8{,}988 \times 10^9$: Elektrische Konstante,

$q_e = e = 1{,}6 \times 10^{-19}$: Elektrische Ladung,

$m_e = 9{,}11 \times 10^{-31}\,kg$: Elektronenmasse)

Daraus ergibt sich die Gravitationskonstante dieses Elektronenpaarsystems

$$G_{ee} = \frac{e^2}{m_e^2} K \approx 2{,}78 \times 10^{32} \,.$$

Diese Konstante ist sogar größer als die aus Coulombkraft und Kernkraft. Das ist auch notwendig als ein Verbindungsmechanismus zwischen zwei Systemen, in denen zum Beispiel die Coulombkraft herrscht.

Wenn der Abstand zwischen diesen beiden Elektronen das 4-Fache des Bohr-Radius beträgt, sind seltsamerweise die Geschwindigkeiten ihres Umlaufens umeinander gleich den Geschwindigkeiten der Elektronen um den Wasserstoffkern mit demselben Radius:

$$v = \sqrt{\frac{M_e G_{ee}}{2^2 a_0}} = 1{,}09 \times 10^6 \, m/s \,.$$

Wenn sie mit Lichtgeschwindigkeit emittiert werden, entspricht dies dem sichtbaren Licht mit einer Wellenlänge von 365,9 Nanometern. Dies bedeutet, dass die Umlaufschwingung des Elektronenpaars verschiedene Farbspektren erzeugen könnte. Es existieren jedoch keine Atomkerne innerhalb ihrer Laufbahn, was bedeutet, dass es auch keine Lichtgeschwindigkeit gibt, um sie zu emittieren. Befindet sich das Elektronenpaar auf der Oberfläche eines Körpers, kann von dort zwar kein Licht abgesendet werden, es könnte sich vielleicht aber die Farbe des Spektrums zeigen. Ist das der Grund, warum die Blume rot und das Gras grün ist? Oder ist das der Mechanismus, mit dem sich die Hautfarbe eines Chamäleons ändert?

III. 6g
Warum ein Gasmolekül gasförmig ist

Im Allgemeinen wird ein Atomkern durch Kernkraft gebildet, was bedeutet, dass er ein Souveränitäts-System darstellt. Moleküle werden aber meistens durch elektronische Bindungen zwischen Molekülen und Atomen gebildet.

Normalerweise ist das Molekül selbst kein eigenes, sondern eine Kombination aus vielen Souveränitäts-Systemen. Moleküle können aber auch aus zwei Objekten, wie zum Beispiel zwei Atomen, ein eigenes Souveränitäts-System erschaffen. Insbesondere können zwei identische Objekte wie zwei gleichartige Atome leicht zu einem Souveränitäts-System gebildet werden, das nicht durch ein Elektronenpaar, sondern durch direkte Wechselwirkung zwischen den Atomen entstanden ist.

Das Elektronenpaar kann ein Verbindungsmechanismus für zwei Atome sein, weshalb die zwei Elektronen selbst miteinander verbunden sein müssen. Also müssen sie selbst ein Souveränitäts-System sein, in dem sie umeinander laufen. Dann gibt es hier aber ein Problem: Denn jedes Elektron gehört zum jeweiligen Atom, mit dem dieses zusammen ein Atomsystem gebildet ist. Also muss jedes Elektron um den jeweiligen Atomkern kreisen und gleichzeitig auch um das Partner-Elektron, das um einen anderen Atomkern kreist. Wie ist das überhaupt möglich?

Normalerweise kompensieren sich die Anziehungskräfte und zentrifugalen Kräfte von zwei umeinander laufenden Teilchen miteinander. Das bedeutet, dass die Anziehungskräfte der beiden eigentlich gleich null sind. Wenn die beiden Umläufe aus irgendeinem Grund nicht möglich sind, verlieren sie ihre zentrifugalen Kräfte und ziehen sich mit ihren maximalen Kräften an. Jedoch können ihre Rotationen nicht unbedingt verhindert werden und sie können auch in einer solchen Situation einander weiter antreiben und grarotieren. Das heißt, solange es zwischen ihnen nicht zur Kollision kommt, bleibt das System intakt. Aber wie funktioniert es bei einem Souveränitäts-System ohne Umlaufen?

In einem Souveränitäts-System drehen sich zwei wechselwirkende Teilchen in zwei orthogonalen Ebenen und die Drehrichtungen der beiden Parteien sind dergestalt, dass kein Konflikt entsteht. Das heißt, die Rotationsrichtung eines Körpers ist genau so, wie sie von einem anderen Körper grarotiert wird. Wir kennen sie als passende Richtungen in zwei orthogonalen Ebenen. Andernfalls stehen sie im Konflikt und werden als unpassende Richtungen bezeichnet. Wenn zwei Körper in unpassenden Richtungen rotieren, gibt es einen Konflikt zwischen ihnen und sie stoßen vermutlich einander ab.

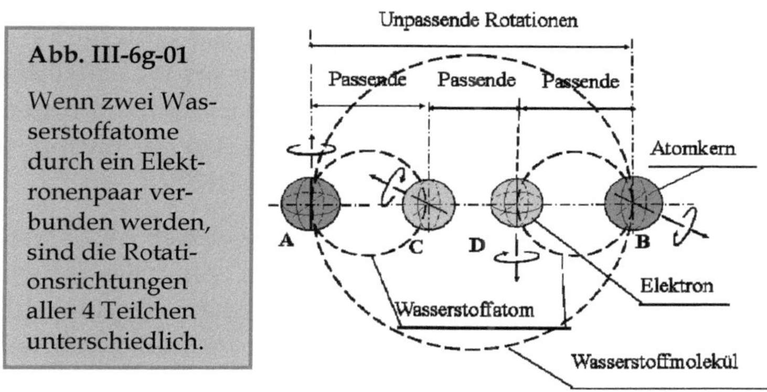

Abb. III-6g-01

Wenn zwei Wasserstoffatome durch ein Elektronenpaar verbunden werden, sind die Rotationsrichtungen aller 4 Teilchen unterschiedlich.

Zum Beispiel gibt es zwei Wasserstoffatome *AC* und *BD*, die aus den Atomkernen *A* und *B* sowie den Elektronen *C* bzw. *D* bestehen. Getrennt kreisen und rotieren der Kern und das Elektron im jeweiligen Atom. Um aus den zwei Wasserstoffatomen ein Wasserstoffmolekül bilden zu können, müssen diese zwei Elektronen zu einem Souveränitäts-System werden. Dann müssen sich die beiden Elektronen ebenfalls gleichzeitig drehen und umeinander laufen. Das ist aber unmöglich. Also werden in einem solchen Wasserstoffmolekül alle Umläufe gestoppt, doch die Rotation jedes Körpers bleibt unverändert (siehe Abbildung III-6g-01). Dann ziehen sie sich zwischen *A* und *C*, *C* und *D* und *D* und *B* an. Aber jetzt rotieren die beiden Atomkerne *A* und *B* in den unpassenden Rotationen und stoßen sich daher gegenseitig ab. Wenn alle obigen Anziehungskräfte durch Abstoßen ausgeglichen werden, sind sie ein Wasserstoffmolekül geworden. Ein so gebildetes Wasserstoffmolekül dreht sich als ein Ganzes nicht oder kaum. Dies ist ein Mechanismus, mit dem ein Molekül durch die Verbindung des Elektronenpaars gebildet werden kann.

Ein Wasserstoffmolekül etwa kann auch dadurch gebildet werden, indem zwei Wasserstoffatome als einzelne Körper direkt ein Souveränitäts-System bilden. Der Unterschied zwischen diesen zwei Arten von Wasserstoffmolekülen liegt unter anderem darin, dass in einem Souveränitäts-System zwei Atome sehr schnell umeinander laufen. Das führt dazu, dass durch das schnelle Umlaufen die Gravitation der Erde kompensiert werden und damit dieses Wasserstoffmolekül in der Luft schweben könnte, wie die schnell rotierende Scheibe in der Abb. I-2a-03 zeigt. Ist das der Grund, warum das gasförmige Molekül gasförmig ist?

Wenn Strom durch Wasser fließt, weichen Wasserstoffgas und Sauerstoffgas aus dem Wasser aus. Dies ist wahrscheinlich, und man kann es sich so vorstellen, dass durch Stromfließen aus zwei Wasserstoffatomen und zwei Sauerstoffatomen zwei Souveränitäts-Systeme geworden sind. Als ein Souveränitäts-System erhalten die Gase wegen der schnellen Umdrehung auch mehr Energie (Wo versteckt sich die Energie sonst?). Wenn sie mit dem Feuer gezündet werden, wird das System zerstört und die Energie freigelassen. Dann werden Wassermoleküle durch elektrische Bindung gebildet. Da dieses Wassermolekül sich nicht so schnell drehen kann, fällt es auf den Boden.

Man kann sich auch vorstellen, dass zwei Wassermoleküle durch höhere Temperatur ein Souveränitäts-System bilden könnten, das schnell rotiert. Schwebt deshalb auch der Dampf in der Luft?

III. 6h
„Informationsübertragung" mittels Verschränkung

Die Frage danach, wie schnell zwei verschränkte Teilchen ihre „Informationen" übertragen könnten, ist auch völlig gleichbedeutend damit, wie schnell sich Gravitationskraft ausbreitet. Denn eigentlich sind zwei verschränkte

Teilchen miteinander durch Gravitationen verbunden. Es wird beispielsweise ca. 8 Minuten dauern, wenn der Sonnenschein die Erde erreicht. Dies stört aber nicht die Wärme- und Licht-Übertragung des Sonnenscheins, weil sie stetig ist. Auch wenn die Gravitation der Sonne zur Erde 8 Minuten dauert, wird die Geschwindigkeit der Erde dadurch nicht geändert. Es könnte durchaus sein, dass Informationsübertragung der -verschränkung zeitliche Verzögerung bedeutet und verschiedene Souveränitäts-Systeme auch „Informationen" mit unterschiedlichen Geschwindigkeiten übertragen könnten.

Stellen Sie sich vor, zum Beispiel eine eiserne Hantel als ein Souveränitäts-System aus zwei Kugeln anzusehen. Wenn sich der Zustand einer Kugel der Hantel ändert, wandelt sich auch die andere Kugel und folgt sofort der Änderung nach. Wir können diese Verschränkung als instant betrachten, aber theoretisch müsste dies doch eine sehr kurze Zeit dauern. Wenn eine Hantel aber aus weichem Gummi besteht, ist eine zeitliche Verzögerung sichtbar. Trotzdem bleibt das ganze System aufrecht. Auch in einem Souveränitäts-System aus zwei Sternen mit Lichtjahren Entfernung oder zwei Elektronen in Nonameter-Nähe könnte die Verschränkung, wenn sie vorhanden ist, denkbar mehr oder weniger verzögert sein.

Aber genau wissen wir dies nicht, so wie wir auch nicht wissen, wie schnell sich die Gravitation verbreitet. Es kann aber nicht ausgeschlossen werden, dass diese Übertragung doch schneller als Lichtgeschwindigkeit oder sogar instant sein könnte. Es gibt keinen Grund, zu behaupten, dass die Übertragung der „Informationen" nicht über Lichtgeschwindigkeit möglich ist. Dass die Lichtgeschwindigkeit die maximale Geschwindigkeit überhaupt sei, ist eigentlich eine Pseudo-Hypothese. Wenn es bewiesen werden könnte, dass die Informations-Übertragung bei Verschränkung schneller als die Lichtgeschwindigkeit ist, beweist sich eben auch, dass diese Pseudo-Hypothese falsch ist. Wir dürfen unsere Gedanken doch nicht von der Lichtgeschwindigkeit beschränken lassen.

Einstein hatte mit seiner Relativitätstheorie die Physik in einen Wirrwarr getrieben. dadurch schwärmen in der Physik, die eigentlich eine sehr ernsthafte und diskrete Naturwissenschaft ist, immer mehr solcher Theorien wie elf Dimensionen von Raum/Zeit, Wurmlöcher, Paralleluniversen sowie Zeitreisen in die Vergangenheit etc. umher. Ist das noch Physik? Na ja, man verliert aus Verzweiflung öfters die Vernunft und einen klaren Kopf.

III-6i
Elektron-Doppelspalt-Experiment

Wir wissen, wenn das Licht durch zwei dünne Spalte auf eine hintere Schirmwand trifft, werden darauf Interferenzmuster (s. Abb. III-6i-01) erzeugt, die helle und dunkle Streifen auf der Schirmwand bilden. Dies liegt daran, dass das durch die Doppelspalte durchtretende Licht zwei Lichtquellen bildet und zwei identische Lichtwellen aussendet. Diese interferieren und bilden Interferenzstreifen. Das ist eine Eigenschaft der Wellen.

Aber nicht alle Wellen sind Lichtwellen. Es gibt auch die Welle, die unsichtbar ist. Auch sie kann durch den Doppelspalt miteinander interferieren, was ebenfalls Interferenzstreifen verursachen kann, die aber nicht sichtbar sind.

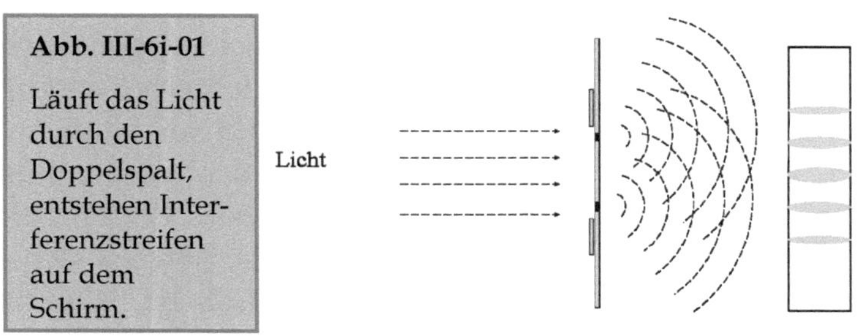

Abb. III-6i-01

Läuft das Licht durch den Doppelspalt, entstehen Interferenzstreifen auf dem Schirm.

Wir können diese unsichtbare Welleninterferenz ausnutzen, um eine kleine Zauberei vorzuführen:

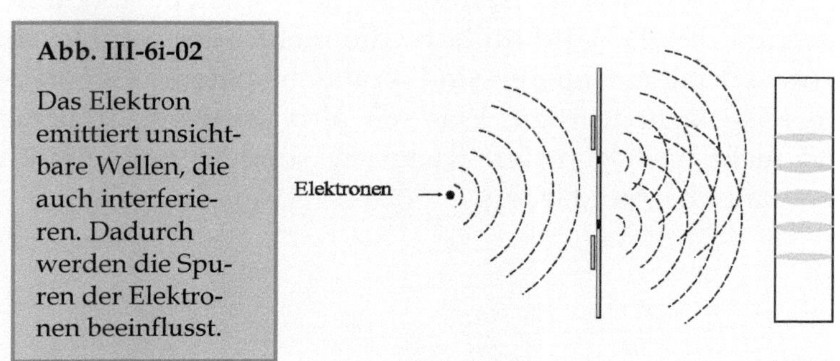

Abb. III-6i-02

Das Elektron emittiert unsichtbare Wellen, die auch interferieren. Dadurch werden die Spuren der Elektronen beeinflusst.

Wir wissen, dass ein Elektron, wenn es mit hoher Geschwindigkeit fliegt, elektromagnetische Wellen um sich herum erzeugt. Wenn diese elektromagnetischen Wellen den Doppelspalt passieren, erzeugt dies auch zwei kohärente elektromagnetische Wellen, die interferieren. Dies passiert, solange die beiden Spalten geöffnet bleiben. Wenn ein Elektron eine der Doppelspalten passiert, wird es sich durch Einfluss der Interferenzwelle entweder am Tal oder an der Spitze der Welle neigen. Wenn eine große Anzahl von Elektronen den Doppelspalt durchläuft, erscheinen helle und dunkle Streifen des Elektronenstoßes auf der Schirmwand (s. Abb. III-6i-02). Es scheint, als ob ein Elektron gleich der Welle wäre.

Zauberei ist manchmal wie ein Naturgeheimnis. Es gibt Naturgeheimnisse, die alle physikalischen Realitäten und logischen Folgen widerlegen, in Wirklichkeit ist es öfters nur ein nicht sehr raffinierter Trick der Natur, der nur noch nicht erkannt wurde. Oder sind wir doch nicht so intelligent, wie wir uns selbst eingeschätzt haben?

Wir müssen endlich die physikalische Realität bedingungslos akzeptieren, dass die Welle immer Welle ist und die Materie immer Materie bleibt. Durch Bewegung der Materie können Wellen entstehen. Aber die Materie ist niemals gleich der Welle, auch umgekehrt. Nicht wenige Leute haben aber den Hang, lieber an etwas was geistiges in der Physik zu glauben.

Es ist sehr besorgniserregend, dass manche modernen Theorien des 21. Jahrhunderts, die mehr oder weniger aus Verzweiflung entstanden sind, von den späteren Generationen ausgelacht werden. Was wir also dringend brauchen, sind nicht noch genialere Theorien, sondern eine einfache physikalische Aufklärung.

III. 6j
Die Weltformel

Wenn alle Naturkräfte vereinigt werden können, müsste deren Ursprung nur aus einer und derselben Quelle kommen, die auch eine einzige sein muss. Allein aus dieser Logik haben wir doch schon eine gehabt: die Trägheitskraft, die der Ursprung der Gravitation in der makroskopischen Welt ist. Wie gesagt, wird die Kraft nur erzeugt. Es existiert keine vorhandene Kraft in der Natur. Also die Formel, mit der alle Naturkräfte sich vereinigen, kann in Allgemeinen einfach so ausgedrukt werden (der Beschleunigung):

$$a = v^2 / r.$$

Dann wäre der Traum der theoretischen Physiker, eine unendlich komplizierte Weltformel zu knacken, nicht erfüllt, sondern zerschlagen! Doch gerade dies ist nicht das, wonach wir auf der Suche sind und was wir uns erträumt haben, so könnte man sagen. Das war ein Traum, in dem man unendlich weiter forschen und dadurch unbegrenzte Erfolge und Entdeckungen erhoffen konnte.

Das Universum besteht aus nichts anderem als nur aus reiner Masse, die ein neutrales Ding ist, das weder spukhafte Eigenschaften noch gottähnliche Fähigkeiten besitzt. Und sie kann weder in Energie verwandelt noch ihre Menge geändert und schon gar nicht unendlich vergrößert werden. Und sie besitzt nicht einmal das eigene Gewicht. Das Einzige, was die Masse besitzt und überhaupt besitzen kann, ist die Trägheit. Erst durch Wechselwirkung kommen Kräfte und Bewegungen zustande. Dann ist die Welt bunt und lebendig geworden.

Diese Formel ist nicht nur eine Vereinigung aller Naturkräfte, sie vereinigt sogar alle Naturereignisse: Kräfte, (Energien) und Bewegungen, darunter Schwingungen und Wellen, das Wesen der Wärme und des Lichtes. Der Raum ist nichts anderes als eine absolute Leere. Durch Existieren der Masse gibt es dann die Position, Abstand und Richtung für den Raum. Und erst durch Bewegung kommt die Zeit.

Alle Naturphänomene können auf zwei Dinge zurückgeführt werden: Kraft und Bewegung. Durch Kraft entsteht Bewegung, durch Trägheit entsteht aus Bewegung die Kraft. Der Mechanismus dafür ist die Wechselwirkung in einem Souveränitäts-System. So einfach ist die Physik im Ganzen. Daher könnte die Weltformel, eine alle Naturereignisse vereinigende Formel, wie folgt ausgedrückt werden – wenn man lieber etwa Kompliziertes sehen möchte:

$$F_1 = g_1 m_2 = \frac{m_1 G}{r^2} m_2 = f_{\otimes 2} = m_2 a_{\otimes 2} = m_2 v_2^2 / r = F_2.$$

(F, $f_\otimes$: Gravitations- und Trägheitskraft,

g, $a_\otimes$: Gravitations- und Trägheitsbeschleunigung,

v: Geschwindigkeit, r: Abstand,

m: Masse, G: Gravitationskonstante)

Einfach ausgedrückt: Gravitation ist gleich Trägheit.

Obwohl das Wesen des Newtonschen Gravitationsgesetzes nicht stimmt, hätte Issac Newton dennoch sagen können: „Diese Gleichung habe ich euch doch schon vor über 300 Jahren vorgestellt." Dann schüttelte er den Kopf …

Wenn man aus einem schönen Traum aufgeweckt wird, versinkt man öfters in eine tief frustrierende Enttäuschung

und in das völlig leere Gefühl, als ob die reale Welt auf einmal verdammt langweilig geworden wäre. Aber die Natur
schaut wieder natürlich aus.